中等职业教育国家规划教材
全国中等职业教育教材审定委员会审定

地 籍 测 量

(测量工程技术专业)

主　　编　庄宝杰
责任主审　田青文
审　　稿　陈晓宁　杨志强

中国建筑工业出版社

图书在版编目（CIP）数据

地籍测量/庄宝杰主编．— 北京：中国建筑工业出版社，2003（2023.3重印）
中等职业教育国家规划教材．测量工程技术专业
ISBN 978-7-112-05428-2

Ⅰ．地… Ⅱ．庄… Ⅲ．地籍测量－专业学校－教材 Ⅳ．P271

中国版本图书馆 CIP 数据核字（2003）第 012309 号

本书内容紧密结合国家现行规范，适当反映当前生产作业中的新方法、新技术。全书共分八章，包括：土地管理的基本知识、地籍调查、权属调查、地籍控制测量、地籍细部测量、面积量算、变更地籍调查、地籍数据处理与地籍数据库等。全书力求突出科学性、实用性，简明扼要，通俗易懂。注重实际操作和应用能力的培养。

本书可供中等职业学校测量工程技术专业学生使用，也可供相关技术人员学习、参考。

责任编辑：王 跃 鲍成城

中 等 职 业 教 育 国 家 规 划 教 材
全国中等职业教育教材审定委员会审定

地籍测量

（测量工程技术专业）

主 编 庄宝杰
责任主审 田青文
审 稿 陈晓宁 杨志强

*

中国建筑工业出版社出版、发行（北京海淀三里河路9号）
各地新华书店、建筑书店经销
北京建筑工业印刷厂印刷

*

开本：787×1092毫米 1/16 印张：8¾ 字数：211千字
2003年3月第一版 2023年3月第二十一次印刷
定价：**28.00**元
ISBN 978-7-112-05428-2
（34470）

版权所有 翻印必究
如有印装质量问题，可寄本社退换
（邮政编码 100037）

中等职业教育国家规划教材出版说明

为了贯彻《中共中央国务院关于深化教育改革全面推进素质教育的决定》精神，落实《面向21世纪教育振兴行动计划》中提出的职业教育课程改革和教材建设规划，根据教育部关于《中等职业教育国家规划教材申报、立项及管理意见》（教职成［2001］1号）的精神，我们组织力量对实现中等职业教育培养目标和保证基本教学规格起保障作用的德育课程、文化基础课程、专业技术基础课程和80个重点建设专业主干课程的教材进行了规划和编写，从2001年秋季开学起，国家规划教材将陆续提供给各类中等职业学校选用。

国家规划教材是根据教育部最新颁布的德育课程、文化基础课程、专业技术基础课程和80个重点建设专业主干课程的教学大纲（课程教学基本要求）编写，并经全国中等职业教育教材审定委员会审定。新教材全面贯彻素质教育思想，从社会发展对高素质劳动者和中初级专门人才需要的实际出发，注重对学生的创新精神和实践能力的培养。新教材在理论体系、组织结构和阐述方法等方面均作了一些新的尝试。新教材实行一纲多本，努力为教材选用提供比较和选择，满足不同学制、不同专业和不同办学条件的教学需要。

希望各地、各部门积极推广和选用国家规划教材，并在使用过程中，注意总结经验，及时提出修改意见和建议，使之不断完善和提高。

教育部职业教育与成人教育司
2002年10月

前 言

本书根据教育部新颁教学大纲编写，是教育部规划的中等职业教育测量工程技术专业国家规划教材之一。

全书共分八章。第一、六、八章由庄宝杰同志编写，第二、三、七章由颜平同志编写，第四、五章由沈学标同志编写，并由庄宝杰同志任主编。并受教育部委托由长安大学地质工程与测绘工程学院杨志强教授和国家测绘局第一测绘院陈晓宁高级工程师审稿，由长安大学地质工程与测绘工程学院田青文教授主审。

本书内容紧密结合国家现行规范，适当反映了当前生产作业中的新方法、新技术。力求突出科学性、实用性，简明扼要，通俗易懂，文字准确，概念清楚。符合中等职业学校的教学实际和学生的学习特点。注重实际操作和应用能力的培养。

编者在编写本教材的过程中，参考了有关院校、单位和个人的文献资料。在此表示感谢。由于编者业务水平有限，难免有错漏之处，敬请读者批评指正。

目 录

第一章 土地管理的基本知识 ··· 1
　第一节 土地的概念与特性 ··· 1
　第二节 土地管理的任务和内容 ··· 4
　第三节 土地调查与评价 ··· 8
　第四节 土地登记 ·· 10
　第五节 土地统计 ·· 16
第二章 地籍调查 ·· 19
　第一节 地籍调查概述 ·· 19
　第二节 地籍调查的分类及程序 ·· 21
　第三节 我国地籍管理的历史和国外地籍管理的发展概况 ······················ 23
第三章 权属调查 ·· 27
　第一节 概述 ·· 27
　第二节 土地权属的确认 ·· 29
　第三节 界址调查 ·· 30
　第四节 城镇土地分类 ·· 34
　第五节 地籍调查表的填写 ·· 37
　第六节 权属调查的实施 ·· 44
第四章 地籍控制测量 ·· 48
　第一节 地籍基本控制测量 ·· 48
　第二节 地籍图根控制测量 ·· 54
　第三节 GPS在地籍控制测量中的应用 ······································ 55
第五章 地籍细部测量 ·· 60
　第一节 界址点的测定 ·· 60
　第二节 地籍图测绘 ·· 64
　第三节 野外数据采集机助制图 ·· 69
第六章 面积量算 ·· 74
　第一节 面积量算的要求与准备工作 ·· 74
　第二节 用解析坐标计算区块面积的方法 ···································· 75
　第三节 几何图形计算法 ·· 77
　第四节 膜片法 ·· 79
　第五节 求积仪法 ·· 80
　第六节 其他计算面积的方法 ·· 83

  第七节　面积量算成果处理 …………………………………………… 86
  第八节　面积汇总与统计 ……………………………………………… 88
  第九节　面积量算的精度分析 ………………………………………… 89
第七章　变更地籍调查 ………………………………………………………… 95
  第一节　概述 …………………………………………………………… 95
  第二节　变更权属调查 ………………………………………………… 96
  第三节　变更地籍测量 ………………………………………………… 98
第八章　地籍数据处理与地籍数据库 ………………………………………… 100
  第一节　计算机地籍数据处理技术及发展 …………………………… 100
  第二节　地籍数据处理设备 …………………………………………… 102
  第三节　地籍数据结构 ………………………………………………… 109
  第四节　地籍数据处理算法 …………………………………………… 113
  第五节　地籍图机助制图 ……………………………………………… 120
  第六节　城镇地籍管理信息系统简介 ………………………………… 126
参考文献 ………………………………………………………………………… 133

第一章 土地管理的基本知识

第一节 土地的概念与特性

土地是人类赖以生存和发展的最基本的资源。人类在地球上生息繁衍，土地为人类的生活和生产活动提供场所、资源、劳动对象等必不可少的条件。总之，人类的生存一刻也离不开土地。然而，人类在其生活和生产活动中，又无时无刻不在作用于土地，导致土地发生生态变化。由此看来，人类为了生存，有必要认识它，研究它。

一、土地的概念

究竟什么是土地？往往出于不同的研究目的，可给出不同的定义。对于土地概念的认识归纳起来可以分为两种：

(一) 广义的土地概念

土地是由土壤、地貌、岩石、植被、气候、水文、基础地质等因素所组成的自然综合体，包括内陆水域和滩涂。它是自然界本身的产物，同时也包括人类过去和现在生产活动的成果。这是广义的土地概念。

(二) 狭义的土地概念

土地是指地球表面陆地部分，由土壤、岩石、地貌等堆积而成的场所。而海洋、江河、湖泊等水域，不属于土地的范畴，这是狭义的土地概念。

根据目前土地管理所涉及的实际范围，一般认为：土地系指地球表面的陆地、内陆水域、滩涂和岛屿。

(三) 土地与其他相近概念的区别

土地与土壤也不是一个概念。

土壤是指地球陆地表面上具有肥力、能够生长植物的疏松表层。气候、生物（动物、植物、微生物）、岩石、地貌、水文条件等是形成土壤的环境因素。而土地则把这些因素视为本身不可分割的组成要素。土地的性质和用途取决于全部组成要素的综合影响，而不从属于其中任何一个单独的要素。显然，土地的含义要比土壤广泛得多。

土地与"土"也有原则区别。土地是不能离开地球表面的，放在室内器皿里的土绝不是土地。土地不能用厚度、容量和重量来计算，土地只能用面积单位来计量。

国土比土地的概念更要广。

国土是指一个主权国家管辖范围内的领土、领海和领空，是一个国家的人民赖以生存和发展的空间。国土资源是经济和社会发展的重要物质基础，它包括土地资源、水资源、气候资源、生物资源、矿产资源、海洋资源、旅游资源和劳动力资源等。由此可见，国土是地球剖面的立体概念，而土地则是地球表面的平面概念。土地资源仅是国土资源的一个重要组成部分。土地资源和气候资源、水资源、生物资源构成农业自然资源。

二、土地的特性

土地是人类最宝贵、最基本的自然资源，是一切生产建设和人民生活所必须的活动基地。特别是在农业生产中，土地是其他任何资料所不能替代的主要生产资料。从某种意义上说，没有土地就没有农业生产，也就没有人类的一切。总之，"土地是一切生产和一切存在的源泉"。为了合理地利用土地，加强土地的科学管理，我们应当充分认识土地的特性。

（一）土地是自然本身的产物

土地同其它生产资料不同，其他生产资料是前人劳动的产物，而土地则是自然的产物。土地的产生和生存是不以人们的意志为转移的。人类通过劳动可以影响土地的利用，可以提高土地的生产能力，但人们决不能制造出土地来，因此，这就要求人们珍惜和爱护自然资源。

（二）土地面积的有限性

随着社会生产力的发展和科学技术的进步，生产资料的数量不断增加，质量不断提高。但作为农业生产的重要生产资料的土地却是有限的，它的面积是不会增加的，而且也不能用其他生产资料所代替。由于土地是自然的产物，具有原始性和不可能再生性，土地的数量由地球大小所决定。自地球形成之日起土地就这般大，虽然经过多次地质变化（如火山、地震、风雨侵蚀及人力的搬运等），但仅使土地形态改变，而土地的总量始终不变。因此，这就要求人们充分合理地利用土地，提高土地的生产能力，使有限的土地生产出更多的物质财富，来满足社会的需要。

（三）土地利用的永久性

除土地之外的其他生产资料，在使用过程中，都会逐渐陈旧、磨损、直至报废。土地这一生产资料与其他的生产资料不同，如果人们合理地利用和开发土地，并有效地加以维护，可以保持其良性循环而处于周而复始的良好状态。从这点上讲，土地是永久使用的生产资料。一般来讲，土地在合理利用条件下，土地肥力不仅不会减退而且会有一定程度的提高。土地的这一特性，为不断提高土地肥力和作物的单位面积产量提供了客观上的可能性。它也告诫人们必须遵照自然经济规律，科学地用地，使土地的生产能力不断提高；使土地的生态环境向良性发展。

（四）土地位置的固定性和质量的差异性

任何土地都有其固定的位置，不像其他生产资料可根据生产的需要随意移动位置。土地的位置往往会影响其开发利用程度和利用价值的高低。

土地受地球的地质构造和空间构造特性的影响，每块土地形态、土壤组成、坡度等自然条件往往不同。此外，土地还受到气候条件、社会经济及环境条件的制约。因此，土地在质量上就具有很大差异性。这就导致土地的利用与改良具有鲜明的地域特点，我们必须根据当地的自然生态环境，因地制宜地对土地进行利用和改良。

土地的上述特性是客观存在的。因此，我们必须严格按照客观的自然规律和经济规律管好、用好我国的土地资源。

三、我国土地资源的基本特点

我国土地资源的基本特点，主要有以下几个方面：

（一）土地资源绝对量大，相对量小，质量差

我国土地总面积为 $960 \times 10^4 km^2$（约折合 144×10^8 亩），居世界第二位。人均占有土地面积不足 14 亩，仅相当于世界人均占有数（49.5 亩）的三分之一。这一特点，决定了我国人多地少的矛盾是十分突出的。而我国是一个人口大国，人均土地资源十分贫乏，是不可掉以轻心的。

据不完全统计，在我国的土地资源中，全国现有可耕地为 14.9×10^8 亩左右，只占全部土地的 13.7%，每人平均耕地仅 1.4 亩，是世界平均耕地数的 26%。现有耕地中，质量较好的和一般的共占三分之二，存在各种障碍因素（如盐碱地、红壤地、水土流失地、风沙干旱及涝洼地等）的耕地约占三分之一。

全国现有林地约 18.3×10^8 亩，占土地总面积的 23.9%，人均 1.7 亩左右，仅为世界平均数（15.5 亩）的 11.2%。森林覆盖率为 12.7%，与世界平均覆盖率 22% 相比，差距很大，居第 120 位。特别是 1987 年大兴安岭的森林火灾以及近年来各地一些林区乱砍滥伐，致使我国森林资源遭到很大的破坏。现有林地的单位面积蓄积量也较低，平均每亩 $5.3 m^3$，而世界平均数为 $7.3 m^3$。许多光山秃岭水土流失非常严重。

我国草地、草原面积约 42.9×10^8 亩，占全国土地总面积的 29.8%，人均 5.5 亩左右，约为世界人均之一半。在已利用的 40×10^8 亩草地中，已退化的约占一半。利用率的荒漠和高寒草地约占总面积的 43%。人工草地目前所占比重很小，每年草地沙化上千万亩，直到 1983 年改良与沙化才达到同步。另外，我国天然草场的季节不平衡性十分突出，冬半年为 6～8 个月，产草量仅达夏半年的 40%～50%，影响载畜能力的提高。我国南方和中部有草山、草坡约 6.7×10^8 亩，还未得到充分利用。

我国内陆水域约 4×10^8 亩，占全国土地总面积的 2.68%，其中河流约 1.8×10^8 亩；湖泊约 1.2×10^8 亩；池塘、水库 1.0×10^8 亩。

此外，还有 $103.3 \times 10^4 km^2$ 的辽阔海域，其中大陆架面积达 $43.1 \times 10^4 km^2$。由于围垦、污染、水利设施截流等原因，鱼类的生态环境遭到一定程度的破坏。

除此以外，全国约有沼泽地 $11 \times 10^4 km^2$，占全国土地面积的 1.1%；寒漠 $15 \times 10^4 km^2$，占全国土地面积的 1.6%；永久积雪和冰川约 $5 \times 10^4 km^2$，占全国土地面积的 0.5%；沙质荒漠约有 $60 \times 10^4 km^2$，占全国土地面积的 6.3%；戈壁约 $56 \times 10^4 km^2$，占全国土地面积的 5.8%；石山 $46 \times 10^4 km^2$，占全国土地面积的 4.8%；城市、交通和工矿用地有 $67 \times 10^4 km^2$，占全国土地面积的 7.0%。

（二）土地资源类型多样，山地多于平地，耕地比例小

我国地形错综复杂。山地、丘陵、盆地、平原、漫岗等各具特色。全国陆地按其类型可划分为山地（占 33%）、高原（占 26%）、丘陵（占 10%）、盆地（占 19%）和平原（占 12%）。山地、高原和丘陵三项合占 69%，盆地和平原合占 31%。这种多样的土地类型对于因地制宜地开展多种经营较为有利。

我国人均耕地位于世界第 67 位；在全世界 26 个人口在五千万以上的国家中，我国人均耕地数量仅高于日本、孟加拉，居第 24 位。目前，我国仅以占世界 6.8% 的耕地，养育着占世界人口 21.8% 的人民。今后，随着我国人口的继续增长，发展粮食生产的任务无疑是十分艰巨的。

（三）土地资源地区分布很不平衡

我国土地南北跨度较大，可分为寒温带、温带、暖温带、亚热带、热带、赤道带等六

个气候带。其中，温带面积占全国土地总面积的 25.9%；暖温带占 18.5%；亚热带占 26.1%；热带占 1.6%。

上述四个气候带总面积占全国土地面积的 72.1%，这些地区均适宜农业生产。其余占全国土地总面积的 27.9%的土地（其中，寒温带占 1.2%，青藏高寒地区占 26.7%），不利于农业利用。

我国现有可以利用或已经利用的农林牧业生产用地，约占土地总面积的 70%以上，其分布很不平衡。90%以上的耕地、林地和水域，分布在东南部的湿润、半湿润地区；而草地则集中在西北部干旱、半干旱地区。这就形成了东南部与西北部土地利用方向上的显著差别，即前者是我国主要的农林业地区，后者是牧区。这在客观上使我国土地的生产力和人口密度，在东南部远比西北部高。

总的来说，我国东南部的土地面积虽仅为全国总面积的 50%，但却占有 94%的耕地，95%的人口，95%的农业产值。而地大物博的大西北，耕地和人口仅占全国的 5%左右。

（四）土地后备资源潜力不大

我国人口众多，农垦历史悠久。因此，至今质量较好的土地几乎均已开垦。据初步统计，今后还可供进一步开发的土地约为 18×10^8 亩左右。

在我国现有的土地后备资源中，可供开垦为农业用地和人工草地的，仅有 5×10^8 亩左右（其中，草场约占 2×10^8 亩，一般应用于种植饲料以建立人工草场）。另有 1×10^8 亩左右零散分布在南方山、丘地区的荒地，宜用于发展木本粮、油和其他经济林木，不宜再垦为农田。余下的 2×10^8 亩荒地（主要分布在黑龙江和新疆等边远地区）的开垦和建设，需要大量投资，按 50%的垦殖率计算，也只能开垦出 1×10^8 亩耕地。可见，随着人口的增加，土地资源不足，特别是土地少的矛盾，将日趋尖锐。

耕地后备资源不足这一特点，决定了我国粮食生产的根本出路，主要的不是扩大耕地面积，而只是改造中、低产田，提高复种指数，努力挖掘生产潜力提高单位面积产量。

第二节 土地管理的任务和内容

土地管理是国家用来巩固和维护土地所有制、调整土地关系、合理组织土地利用，以及贯彻和执行国家在土地开发、利用、改造等方面的决策而采取的行政、经济、法律和工程技术的综合性措施。

土地管理的核心是维护社会主义土地公有制和合理组织土地利用的问题。土地管理在贯彻"十分珍惜和合理利用每寸土地，切实保护耕地"的基本国策，实现国家用地的宏观控制，保护耕地，制约和指导人们进行合理组织土地利用，贯彻、执行土地管理法，保护社会主义土地所有者、使用者的合法权益等方面，都具有极其重要的作用。

一、土地管理的任务

我国土地管理的根本任务是贯彻落实"十分珍惜和合理利用每寸土地，切实保护耕地"这一基本国策。

现阶段我国土地管理的主要任务是：坚持用行政、法律和经济手段相结合的办法管理土地，维护和巩固社会主义土地公有制；开展土地资源调查和评价；进一步查清全国土地资源的数量、质量和分布状况，为制定国民经济计划提供科学依据；加强地籍管理，即对土地的利用、改造和保护实行科学管理，以利于环境保护和保持土地生态系统的动态平衡；为国民经济各部门及时提供土地数量、质量和权属的变化信息，以促进国民经济各部门的全面发展。

二、土地管理的内容

毫无疑问，土地管理的任务和内容，取决于各国的基本国情、社会制度、生产资料所有制形式，以及社会生产力和科学技术发展水平。当前，我国土地管理的主要内容，可用下图概括表示：

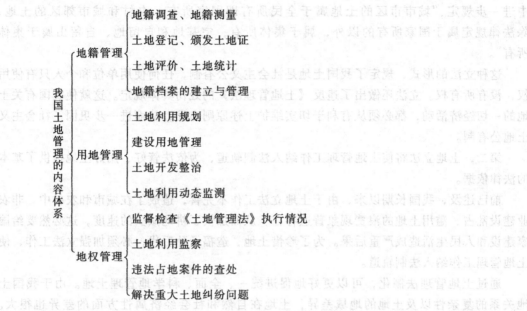

上述内容中，地籍管理是整个土地管理的基础，用地管理是核心，地权管理则是手段。

地籍管理的主要任务是查清土地家底和确认土地权属，为土地管理各项工作提供基础资料和科学依据。

用地管理的根本任务是合理组织土地利用，实现土地的宏观控制和计划管理。

地权管理是为贯彻执行基本国策和土地管理法规，合理组织土地利用所需采取的一系列法律的、行政的、经济的手段和措施。

总之，土地管理的三大内容是相互联系、不可分割的一个完整的科学体系。

土地管理是一门实用性、实践性和技术性都比较强的学科。它不仅要研究土地管理的理论问题，还必须借助于其他学科获取管理工作中的信息资源；通过测量技术获得基础图件和测绘资料；通过遥感技术进行土地资源调查和土地利用监测；通过计算机技术进行土地管理各项信息数据的储存与科学管理等等。因此，土地管理无疑是一项十分复杂的综合措施，必须得到一系列相关学科的密切合作与配合。

应当指出：土地管理的任务和内容不是一成不变的，它将随着社会生产力的发展，科学技术的不断进步以及土地关系的变革而不断地充实和完善。

三、土地管理法规

(一) 土地立法的意义

土地管理法规是调整因保护、开发土地资源，合理利用土地，维护土地的社会主义公有制而产生的各种社会关系的法律规范的总称。土地立法的目的是为了维护社会主义土地公有制，保护国家和集体的土地所有权，促进土地的合理利用以满足国民经济的发展和改善人民生活的需要。

为了能依法科学地管理土地，进行土地立法具有重要意义。

首先，土地立法可以切实维护我国社会主义土地公有制，保护国家和集体的土地所有权。宪法规定："城市土地属国家所有，农村土地属集体所有"。在《土地管理法》中进一步规定："城市市区的土地属于全民所有即国家所有。农村和城市郊区的土地，除法律规定属于国家所有的以外，属于集体所有；宅基地和自留地、自留山属于集体所有"。

这种立法的形式，规定了我国土地是社会主义公有制，任何使用单位和个人只有使用权，没有所有权。立法还做出了违反《土地管理法》的处罚具体规定。这就使我国有关土地的一切经济活动，都必须从有利于切实维护上述原则出发，从而进一步巩固了社会主义土地公有制。

第二，土地立法将使土地管理工作纳入法制轨道，为依法管好、用好土地提供了基本的法律依据。

前已述及，我国长期以来，由于土地立法工作不完善，造成了在城市和农村中，非农业建设乱占、滥用土地的浪费现象普遍存在，从而加快了耕地减少的速度，这必然要给国家建设和人民生活造成严重后果。为了珍惜土地，造福子孙后代，必须加强立法工作，使土地管理工作纳入法制轨道。

通过土地管理法制化，可以更好地促进统一、全面、科学地管理土地。由于我国土地关系的复杂性以及土地的地域差异，土地在自然和社会经济属性方面的差异也很大。所以，要求土地管理必须按照客观的自然规律和经济规律办事，实行科学管理。因此，制定国家的法规是管理土地的基本依据，是科学和依法管好、用好土地的根本保证。

第三，土地立法是合理利用和保护土地的有力措施。土地是极重要的自然资源，是农业生产中最基本的生产资料。为了不断提高土地肥力，保证土地的永续利用和满足社会各方面对土地的需要，必须充分合理利用土地和保护土地。否则，必然会导致水土流失，草原退化，耕地减少，土地沙化，土地污染等严重后果。制定合理利用和保护土地的法规，可以约束人们去合理地利用与保护土地。

（二）土地管理法规的特点

1. 权威性

土地管理法规是土地管理方面的权威性文件，任何机关、单位和个人均必须遵照执行。

2. 规范性

土地管理法规的规范性是指它的原则性、准确性与条理性，它给人以明确的准绳。土地管理法规在调整土地关系时，明确指出什么是要巩固、保护和发展的；什么是受限制、禁止和取缔的。它促使人们的行为和土地管理工作，有明确的约束力和工作准则。

3. 协调性

我国的土地关系，从土地所有权和使用权来看，有着多种形式：前者有国家所有和集体所有两种形式；后者则有国营、集体、合营、中外合资和个体等多种形式。这种错综复杂的土地关系中，土地管理工作就必然要涉及到各方面的权利和义务问题。

对此，就需要通过土地管理法规，运用协调性原则来解决各方面的矛盾。

4. 强制性

与其他法规一样，土地管理法规具有法律上的强制性。为了切实维护土地公有制，保护土地资源，充分合理利用土地，厉行节约用地，杜绝乱占滥用土地的现象，就必须制定出各种具体细则，并以国家权力机构来保证实施。

这里要指出，土地管理法规的制定权限和其他法规一样，分为中央和地方两级。中央一级指全国人民代表大会及其常务委员会具有最高的立法权，由国务院根据土地管理法规制定相应配套法规。地方一级指省、自治区和直辖市人民代表大会及其常务委员会具有立法权。

根据上述立法权限，《土地管理法》由全国人民代表大会制定；国务院根据《土地管理法》制定《土地管理法实施条例》；各省、自治区、直辖市根据《土地管理法》和国务院制定的《土地管理法实施条例》，制定《土地管理法实施细则》和有关技术规程。县以下各级地方政府，一般均无立法权。

（三）土地法规与土地管理的关系

土地法规与土地管理两者之间有着紧密的联系，它们是互相作用，互相促进的。土地管理的实践是制定一切土地法规的基础和源泉，而土地法规是土地管理的依据和手段。

土地法规是在总结土地管理的实践经验基础上制定的，它反映了土地关系的实际状况和发展要求。但当各种情况不断发展变化时，土地法规就会有不相适应的地方，这就需要从土地管理的实践中来研究解决。因此，土地管理既要切实依照土地法规来管理土地，又要不断注意新情况、新问题，及时总结经验，对现行法规进行分析研究和修订。

依法管理土地是土地管理的重要原则，而综合运用行政的、法律的、经济的三大手段于土地管理中，则是现代土地管理的客观要求。

我国长期以来使用行政手段的土地管理办法。它是由国家各级机关（或土地管理机关），根据宪法、法律、行政法规和地方性法规的要求，按行政层次、行政隶属关系，采用发布命令、指示、规定和下达任务的方法，直接管理土地。

法律手段是国家通过立法形式建立使经济手段和行政手段必须严格遵循的准则，并用法律形式固定下来，保障土地管理活动的相对稳定性。并且，它通过司法机关保证法律手段的顺利贯彻，使各项土地管理活动纳入法制的轨道。

经济手段主要是利用价值规律，通过物质利益的原则来影响土地关系者的意志。具体来讲，就是以商品、货币为媒介，运用价格、信贷、税收、工资、利率、汇率、奖金、管理费、使用费、基金、财政补贴等经济杠杆，直接调整各种土地关系，从而达到管理土地的目的。

法律手段是经济手段和行政手段的准绳和保证。在运用经济手段和行政手段时，要划清合法与非法的界限。经济和行政手段是受法律、法规所约束的。只有在法律的统帅下，三种手段的综合运用才能更好地发挥土地管理的作用。

第三节 土地调查与评价

我国人口众多，土地资源相对而言并不丰富，加之在我国建立社会主义公有制以后的三十多年时间里，放松了土地管理工作，以致造成土地的数量不清、质量不明、权属紊乱的局面。这种状况已经不能适应国家经济建设的需要，直接影响着各项工作的正确决策。

近十年来，为了适应社会主义现代化建设的需要，逐步开展了以土地利用现状为主要内容的土地资源调查工作。在土地利用现状调查的基础上，建立以村、农场、独立工矿为单位的土地登记、统计制度、核发土地证书。

一、土地利用现状调查的基本内容和主要成果

（一）调查类型

我国目前的土地利用现状调查有两种类型：概查与详查。这两种调查在详度、精度和方法上都有一定的区别。

1. 土地利用现状概查

概查是为了满足国民经济计划，制定农业生产规划急需进行的一种土地利用现状调查。它要求在较短的时间内，能调查出比较接近实际的、全国的以及各地的土地利用现状面积数据。这是一种应急的简化调查方法，在手段上、方法上较简单，精度较低。为此，许多地区运用了土壤普查中对土地利用情况进行调查的资料，或者在土壤普查的同时开展土地利用现状概查。

概查通常又分成两种等级，即国家级概查与省级的概查。

国家级概查是利用地球卫星相片，采用分层抽样、数理统计和编图量算等方法，概算出全国和各省的主要土地利用分类面积。

省级概查采用航空相片野外调绘的方法，在相片上标绘出土地利用的分类界线，然后将调绘内容转绘到地形图上，并量算出土地利用分类面积。

2. 土地利用现状详查

详查是为了给国家计划部门提供土地的精确数据，给土地管理部门提供可靠的基础资料。它要求细致全面地查清全部土地资源，在内容上较为全面，既包括全部地类及面积，也包括权属情况及准确的界位调查。由于在精度上有较高的要求，因而对手段和方法的要求也比较严格。

3. 概查与详查的主要区别

（1）详查地区要求具有下列基础图件，即：农区需有不小于 1:10000；重点林区 1:50000；牧区 1:50000 或 1:100000 地形图，或者相应比例尺的航摄相片或影相平面图。

概查地区则可以使用小于上述比例尺的图件资料。

（2）县级详查的基本单位：农区到村（国营农场的分场）；林区和牧区到乡；土地利用现状分类到二级。

概查的基本单位可以高于上述规定，一般以乡为基本单位，土地利用现状只要求一级分类。

（3）详查中，线状地物（河流、道路、林带、固定的沟渠等）的面积要利用实地丈量宽度和图上量测长度的方法来计算。

概查中，线状地物的面积可利用选点求出系数的办法来计算。

由此可见，详查的成果、求面积的方法和精度都比概查要精确。

(二) 调查的主要成果

土地利用现状调查最终是为了了解掌握土地总面积、各类土地面积、分布以及利用现状。土地利用现状调查中采用的方法是：在反映土地利用现状的图纸上，进行面积量算和野外调查及资料分析；最终以表格、图式、文字加以表达。在土地利用现状调查中，普遍采用航空相片和地形图作为调查图件，经过外业调绘，修测或补测求出土地利用现状资料，再将其转绘于地形图上，最后在与现状相一致的图件上进行面积量算。

土地利用现状调查是一项普查性的工作，必须对全部土地作全面调查。为此，除少数难于量算的田坎地埂面积，允许采取典型调查系数推算的方法外，其他一切地类面积均应逐一量测。

土地利用现状调查的成果为：(1) 县、乡、村各类土地面积统计表和分权属单位土地面积统计表。(2) 县、乡土地利用现状图和分幅的土地权属界线图。(3) 县土地利用现状调查报告，乡土地利用现状调查说明书。(4) 县、乡土地边界接合图表。

调查工作的野外记录、调绘航片、计算成果、图件等原始资料，应整理装订成册，由县土地管理部门归档保管。

二、土地评价概述

土地评价是通过对土地的自然、经济属性的综合鉴定，将土地按质量差异划分为若干相对等级，表明被评定土地在一定的科学技术水平下，对于某种特定用途的生产能力和价值的大小。

由于评价的目标不同，土地评价可分为土地适宜性评价和土地经济评价。以解决合理利用土地，确定土地对某种特定用途的适宜程度为主要目标而进行的土地评价，称为土地适宜性评价。为从量上确定土地质量等级之间的差异，从而解决土地税（费）的级差标准等一系列经济课题为主要目标而进行的土地评价，称为土地经济评价。

很明显，土地适宜性评价是基础，是定性阶段。土地经济评价则是在此基础上的深入，是土地评价的定量阶段。

(一) 土地适宜性评价

土地的适宜性是指在一定条件下对永续发展农、林、牧、渔业生产的适宜程度。确定土地适宜性时，应充分估计土地利用对当地和邻近地区生态环境的影响。

我国目前进行的土地适宜性评价，多采用多层次续分分级系统。例如，全国1:1000000土地资源图的土地资源分级系统就采用了：土地潜力区；土地适宜类；土地质量等；土地限制型和土地资源单位五级续分制。它首先依据农业气候因素，把全国划分为九个土地潜力区：①华南区；②四川盆地—长江中下游区；③云贵高原区；④华北—辽南区；⑤黄土高原区；⑥东北区；⑦内蒙半干旱区；⑧西北干旱区；⑨青藏高原区。然后，按土地的适宜性分为八个土地适宜类：①宜农耕地类；②宜农、林、牧土地类；③宜农、林土地类；④宜农、牧土地类；⑤宜林、牧土地类；⑥宜林土地类；⑦宜牧土地类；⑧不宜农、林、牧土地类。接着，在类之下按适宜程度和潜力的大小，将土地划分为Ⅰ～Ⅲ等。各等之下，又按限制因素及改良措施划分土地限制型：如①无限制；②水文与排水条件限制；③土壤盐碱化限制；④有效土层厚度限制；⑤地形坡度限制；⑥土壤侵蚀限制等。土地限制型之间没有等级的差别。土地资源单位是作为制图单位和评价的对象而划分的。

县级土地适宜性评价可采用类、等、型三级续分评价系统。

(二) 土地经济评价

土地经济评价可以自成体系，也可以作为土地适宜性评价的第二阶段，即在土地适宜性分等的基础上，进一步阐明这等土地比另一等土地，在经济效益或价值度上好（或差）多少倍。

在农业生产中土地质量的最终表现是同等耗费条件下的产品数量。而在非农业利用中，则表现为单位土地面积上摊得的收益（简称土地的经济价值）。

一般来讲，土地质量受位置因素、自然肥力因素、资源因素和供求因素等的影响。其中起主导作用的是土地的位置和土地肥力两个因素。因为具有丰富矿产、能源或风景资源的土地，一旦被开发利用，也就导致交通、住宅、文教卫生、福利设施等得到迅速的改善，工业、商业等亦迅速发展起来，从而使其处于十分优越的位置。

当前，国内外常用的土地经济评价指标有：

1. 单位土地面积上摊得的总产值

用以说明土地能在工农业生产中，直接和间接提供社会所需产品价值总量的能力。

2. 单位土地面积上摊得的总收入

用以在总体上反映土地的经济价值。

3. 单位土地面积上的产投比

用以表示在相同劳动量投入的条件下，分摊到不同地块单位面积上的经济收益的大小。

4. 级差收入

即表示全部纯收入与取得这些收入的最低社会必要劳动量之间的差距，用以反映土地的相对质量状况。

除此以外还可以根据地区的特点，选用其他指标反映土地的质量。

土地经济评价与土地适宜性评价的主要差别是：前者不仅要考虑土地固有的自然属性的差异，而且着重研究在等量劳动耗费条件下，土地的产出效果；后者则仅研究土地自然属性各因素对不同土地利用的适宜程度和限制程度。土地适宜性评价是反映各种土地利用的潜在生产能力的大小；而土地经济评价则反映土地利用的经济效果。如果只进行土地适宜性评价，而忽视土地利用过程的劳动耗费差异，就很难衡量它的经济效果，也无法反映出土地的真实质量。

为了使土地评价更好地服务于土地管理和土地规划。近年来，实际工作中常将土地适宜性评价和土地经济评价结合在一起，即进行所谓土地综合评价。

土地评价步骤一般分为：准备工作；调查与分析；划分土地评价单元；进行土地适宜性分类；确定土地等级；整理评价成果等。

第四节 土地登记

土地登记是指土地所有权和使用权的登记。它是国家用以确认土地所有者或使用者拥有土地所有权或使用权的一项法律措施。凡依法进行土地登记后的资料和文件，具有法律效力。

一、土地登记的类型和内容

土地登记按照内容和阶段可分为初始土地登记和变更土地登记。土地登记的对象、基本单位和内容，取决于国家在一定历史时期内对土地权属管理的具体要求。

（一）初始土地登记

初始登记是土地权属单位对土地所有权和使用权的第一次登记。初始登记的对象为国有土地使用权、农村集体土地所有权、农村宅基地及乡镇企业用地的使用权。所以，凡是使用国有土地的单位和个人，集体土地的所有单位，以及使用集体土地作建设用地的单位和个人，均必须依法在规定时间内，向土地所在地的县级或县级以上人民政府土地管理部门提出申请，办理初始土地登记手续。

凡申请办理初始土地登记的单位或个人，应准备好下列有关的文件：

（1）农村集体土地所有权界线，应有相邻单位的书面证明和附图，对有争议的地界，须有共同签署的划界协议，并有人民政府审定的文件，或县级以上人民政府裁定土地权属界线的文件；

（2）乡镇企事业单位申请和审批用地的正式文件；

（3）国营各单位的申请和审批的征用或划拨土地的正式文件；

（4）国有铁路、公路、河道、大型水利设施等依法申请、审批、征用、划拨土地的文件。

（二）变更土地登记

变更土地登记是对初始土地登记中随时间推移而产生的权属、地类变更状况的修正和补充所进行的登记。

土地权属变更是指土地所有权和使用权的变更。我国现阶段土地所有权的变更，主要是集体所有土地变更为国有土地。在我国社会主义土地公有制条件下，国家法律不允许任何单位和个人以土地买卖或者以其他形式非法转让土地等方式变更土地所有权。但国家为了建设需要，可以依法对集体所有的土地实行征用，被征用的土地变更为国有土地，即全民所有土地。通常，不允许把国有土地变更为集体所有土地。集体所有制单位和个人需要使用国有土地的，必须经政府批准，并由县级以上地方人民政府登记造册，核发证书，确认使用权，但不改变国有土地的所有权性质。为了调整不合理的土地权属地界或消除土地使用的缺点（如地界弯曲、楔入、土地插花、分散等），可以通过地界的裁弯取直、土地交换等方法，改变土地的权属关系。

地类变更是指土地权属单位在初始登记后，所登记的土地用途发生了变化。为了加强对非农业建设用地的管理和严格控制农业用地，特别是耕地向非农业建设用地的转变。国家依法规定，凡属农业用地变为非农业建设用地的地类变更，土地权属单位或个人必须向原登记、发证单位申请办理变更土地登记，并按规定的审批权限报人民政府批准。

（三）土地登记内容

土地登记的内容与国家在一定历史时期对土地权属管理的具体要求有关。当前的主要内容是土地登记的基本单位得到认可的所有权面积、土地使用权面积及其他各地类面积等。

1. 土地登记对象——土地权属单位

指集体土地所有单位和国有土地使用单位。目前我国国有土地使用单位，既有团体单位，又有个人；既有国有的单位还有集体的单位，也有居民户，乃至外资（或中外合资）的企事业单位。集体土地根据《中华人民共和国土地管理法》的规定，属村农民集体所有，以村农业生产合作社等农业集体经济组织或村民委员会为登记单位。依法取得国有土地使用权的单位（包括农业的和非农业建设的单位）和个人都是独立的国有土地使用者，使用集体土地进行非农业建设用地的单位和个人（如农户）也都是独立的集体土地使用者。

2．土地总面积及地类面积

指土地登记单位土地使用权总面积，即等于各地类面积之和。计算土地登记单位的土地面积时，要以征用、划拨及划界的文件为依据。登记土地总面积应包括本县范围内的飞出面积，但不包括在本单位范围内由外单位飞入的面积（如铁路、公路、河流、工矿用地等）。目前城市土地、村庄内土地以及各建设用地单位，除登记土地总面积外，还要登记用地类别、建筑占地面积等。地类名称及其编号应统一按《土地利用现状调查技术规程》规定的土地利用现状分类体系进行，一般只登记到一级地类面积。

3．土地位置

土地位置包括土地所在地的地址和四至。地址是指土地所有者或使用者（单位或个人）的土地所在的具体地点。四至是指登记的土地与相邻的土地所有者或使用者（单位）的名称，以及与之为界的永久性显著地物的名称和相关距离。

4．图号、地号

图号是指土地所在分幅图的统一图幅号；地号是指登记的土地所在分幅地籍图上的地块图斑编号（或宗地号）。

5．用地来源

是指土地所有权、使用权是如何获得的——如征用、划拨、农民入社等。

6．建筑占地面积

是指地上建筑物实际占用的土地面积。

7．土地等级

是指通过土地评价确定的土地质量等级，它是土地权属单位交纳土地税的重要依据。

8．共有使用权面积

是指土地使用者与其他土地使用者共同使用一宗地的全部或一部分且无法在地面上划分界线的土地面积。如几个使用者共用多层楼楼房基地；或公用院内的通道空地等。分摊面积是指每一土地使用者在其共有使用权面积中应分摊的面积。分摊面积多少，一般根据合同、协议的约定和建筑面积的多少按比例分摊。

9．用途

指土地登记发证时依法批准的土地用途。

二、土地登记程序

土地登记是一项政策性、法律性、技术性极强的工作，必须由县级土地管理机构按规定的程序进行。

（一）初始土地登记程序

土地初始登记程序是：通知、申请、审查与批准、登记、发证。

1．通知

由县或市政府公告登记，公布登记区，登记日期和登记办法。

2. 申请登记

土地权属单位在接到通知后，在规定登记日期内将填好的土地登记申请书（格式见表1-1），同土地权属证明等有关文件、材料，一起送交土地管理部门，申请办理登记。

存在争议的土地权属，须经当地政府调处或裁决后方可申请登记。一些国有企事业单位由于过去征地手续不严，实际占地与征（拨）地文据不符者，须补办手续后方可申请登记。

3. 审查与批准

土地管理部门应根据土地登记申请者提交的有关材料进行审查。审查重点是土地权属性质是否正确；权属来源是否合法；权属界线是否清楚，有无争议；土地面积及地上附着物是否属实；实际用途与批准用途是否一致等。然后，将审查意见填入"土地登记审批表"（格式见表1-2）。经政府批准后，张榜公布。在公告期内无异议，或有异议但已处理，均应进行登记。

4. 登记、发证

经依法申请、审查、批准的土地使用权、所有权，应以一宗地为单位按权属分别填写土地登记卡，办理登记手续。

土地登记卡分三种：即国有土地使用权登记卡；集体土地所有权登记卡；集体土地建设用地使用权登记卡。然后根据土地登记卡，填写土地证书。经登记后的土地权属受法律保护。

（二）变更土地登记程序

变更土地登记是一件经常性的登记工作。一般程序为：

1. 申请变更登记

发生变更的土地权属单位，持原领土地证书，变更的有关批准文件及实地变更原始记录表，向土地所在地的县土地管理部门申请变更登记。

凡因出卖或转让地上附着物，而且涉及土地权属转移的，应在双方签订出售或转让地上附着物之前，向当地县级以上土地管理部门申请办理变更登记。依法征用、拨用土地及耕地、园地，转变为非农业建设用地等应在办理好用地手续时，持临时性建设用地许可证及批准用地文件，向县级以上土地管理部门申请变更土地登记。

2. 审查与批准

根据土地权属单位的变更登记申请，县土地管理机关委派专人对申请表中有关面积进行实地调查核实，并将核实结果和初审意见填在变更土地登记审批表上。然后，组织审查。若确实不存在问题，就上报人民政府批准。

3. 变更登记、核发证书

经批准后，办理变更手续。凡涉及土地所有权、使用权变更的，都要重新填写土地登记卡、更换新的土地证书。凡土地权属不变，仅仅变更土地的主要用途和地类的，只须在原土地证书和登记卡的"变更记事栏"内填写更改事项并加盖公章即可。

此外，还应将更改后的权属界、地类界线标绘到地籍图和土地证的附图上。一定要做到地籍图、土地证、卡与实地状况相一致。

土地登记申请书　　　　表 1-1

法人代表姓名												
单 位 性 质						主管部门						
权 属 性 质						使用期限						
土 地 坐 落												

农村集体土地所有权或国有土地农业用地使用权面积（亩）

土地总面积	其 中 地 类 面 积											
	耕地	其 中		园地	林地	牧草地	居民点及工矿用地	其 中		交通用地	水域	未利用土地
		旱地	水田					宅基地	企事业建设用地			

城、镇、村土地（含宅基地）使用权面积（m²）

独自使用	面　积		土地用途	
	其中，建筑占地		土地等级	
共有使用权	面　积		家庭人口	
	其中分摊	面　积	地上物类别及权属	
		建筑占地		

他项权利	
申请登记的依据	
附　图　四　至	
备　注	
图号		地号	

土 地 登 记 审 批 表　　　　表 1-2

土地使用者（所有者）								单位性质				
通讯地址								主管部门				
土地坐落												
地　号								图　号				

基本情况调查结果	农村集体土地所有权或国有土地农业用地使用权面积（亩）											
	土地总面积	其中地类面积										
		耕地	其中		园地	林地	牧草地	居民点及工矿用地	其中		交通用地	水域	未利用土地
			旱地	水田					宅基地	企业建设用地			
	城、镇、村土地（含宅基地）使用权面积（m²）											
	独自使用	面　积				土地类别					
		其中：建筑占地				土地等级					
	共有使用权	面　积				权属性质					
		其中分摊	面　积			使用期限					
			建筑占地			家庭人口					
	地上物类别及权属										
	四至：										

他项权利	
初审意见	审查人：　　　　　　　　　　　　　　　　　　　　年　　月　　日
土地管理机关审核意见	审核人：　　　　　　　　　　　　　　　　　　　　年　　月　　日
发证机关批准意见	负责人：　　　　　　　　（公章）　　　　　年　　月　　日

15

第五节 土地统计

一、土地统计的任务和内容

土地统计是地籍管理和社会经济统计的一个重要组成部分。土地统计是利用数字、图表及文字资料，系统地记载土地资源的数量、质量、分布、权属、利用状况和动态变化的一项管理措施。

土地统计在地籍管理中的作用与土地登记不同。因为它的资料及报表簿册等，没有法律意义，而只有实用意义。

国家土地统计的对象是国家的全部土地。各省（自治区、直辖市）、市、县及各企业单位的统计对象，是其各自管辖范围内的全部土地。在一定区域范围内，各单位土地使用面积之和应等于本区域的土地总面积。

（一）土地统计的任务

目前，我国土地资源的家底还不完全清楚，农业生产中最珍贵的耕地，其数量尚未查清，这对于编制计划、指挥农业生产和落实生产责任制都是极不适应的。近年来，全国各地的土地资源调查工作正广泛开展，为土地统计做了大量技术力量和基础资料的准备工作，在技术手段上也有较大的改进。这一切都为加快我国土地统计步伐提供了有利条件。

我国土地统计的总任务是为维护社会主义土地所有制，充分合理地利用土地资源和制定国民经济计划，全面、系统地记载、整理、研究、分析土地的数量、质量、占有和利用状况。其具体任务是：

（1）统计土地资源的数量、质量、分布、权属和利用状况，按国家统一规范要求，系统、全面地载入地籍簿册和地籍图。

（2）掌握土地分配、利用的变化动态，不断更新、充实和修正原有统计资料，有规则地积累、整理和保管土地统计资料，随时保持土地统计资料的现势性。

（3）通过对土地统计资料的分析研究，监督土地的利用，制止各种违反土地法令和浪费土地的现象。

（二）土地统计的内容

土地统计的内容包括五个方面：土地数量、质量、分布、权属和利用状况。通常，利用表册数据、文字及图件形式，借助于一系列统计项目和指标，将上述内容表示出来。

以反映土地质量为主的土地统计，为土地质量统计。土地数量统计是基本统计，土地质量统计中质量的表达，同样也离不开数量。目前，实际开展的土地统计主要是以土地数量为主的统计。

土地统计的内容，对不同地区、不同单位可以有所侧重。如农业部门除了要求土地数量和位置以外，还要反映土地质量状况；而非农业部门，由于土地主要起着操作基地和空间场所的作用，则分类要求不必过细，重要的是反映土地面积及其空间位置。

随着土地统计内容的不断丰富，统计指标十分繁多。目前，我国在土地统计中采用的统计项目有：土地权属类别；各种土地面积；土地变更事项；土地分布位置；土地统计单位；土地使用单位；统计时间，以及非法占地等。

土地权属类别是指集体所有土地和使用国有土地两种。

各种土地面积是指统计单位内的土地总面积和各种地类面积。

土地变更事项是指土地统计单位的各项统计指标在统计周期内所发生的各种变更现象。将这些变更现象反映在地籍图和土地统计表册上，注明变更原因和变更的根据。

土地分布位置是指土地的坐落、土地的范围界线、四至和各种地类的界线，用图件及文字形式表达。

土地统计单位是指土地统计报表的呈报单位。中央、省（自治区、直辖市）、市、县、乡各级土地统计报表的呈报单位，分别为各级的土地统计单位。

土地使用单位是指土地统计范围内各独立的土地使用单位。

土地统计时间是指某一次统计工作的所有资料所反映的是什么时间的土地权属和土地利用状况。统计时间有两种指标：一种表示该统计资料完成日期；另一种表示统计反映了哪一个统计周期的实际情况。

非法占地是指未按法律程序办理征用、划拨等手续而实际使用的土地。

二、土地统计的类型

土地统计按其内容和进行统计的时间，分为初始土地统计和经常土地统计两种类型。

（一）初始土地统计

初始土地统计是首次根据土地资源调查的基本资料而开展的土地统计工作。

初始土地统计的基本依据是：土地登记文件；国家划拨、征用土地的批件；最新的土地利用现状图；地籍图；土地利用面积平衡表及土地规划成果等。

在已经开展土地资源调查的地方，应直接使用土地资源调查的成果资料来开展初始土地统计。

初始土地统计是一次全面性的统计，并要求反映近期同一时间内的土地现状。因此，初始土地统计应在较短的时间内完成。

（二）经常土地统计

随着时间的推移，土地的自然、经济等状况不断地发生变化，使初始统计阶段所查明和统计的资料，与现实状况产生了不一致的现象。为了使土地统计资料始终保持与土地的实际状况相一致，就必须经常地、系统地更新土地统计资料，也就是进行经常土地统计。

经常土地统计的任务是对初始土地统计的修改、补充和更正，以便能及时掌握土地资源变化的动态。

三、土地统计的程序

土地统计与土地登记一样，也要分若干步骤进行。

（一）收集资料和野外调查

1. 图件资料

包括地籍图、土地利用现状调查图件、乡镇规划图等。

2. 土地登记文件资料

包括土地登记表、土地变更原始记录表、土地证、土地划拨、征用的批件等。

3. 土地规划的成果

4. 各种专业调查资料

包括保存在统计、规划、城建、农林、水利等部门中的有关土地面积的统计数据，以及土壤、水利、道路、植被等调查资料。

对上述资料进行整理、分析，尽量选用近期测绘和调查的资料。如现有资料不足以反映土地利用的实际情况，则需到实地进行调查。对陈旧的、过时的测绘资料和图件，必须进行补测或重测。

（二）土地统计文件的编写

土地统计表册、图件等的编写是一件严肃而又细致的工作，必须根据经核实的资料，按国家规定的统一格式如实地填写土地统计文件。凡属虚报、伪造、篡改统计资料的人员，应受到严肃处分。

（三）审核上报

统计资料具有相当的权威性，需要严加审查核实。为了保证土地统计成果资料的准确性和同时性，要求在统一规定的日期内，自下而上逐级汇总上报。下一级土地统计的成果资料，要经上一级主管部门审核后，方为有效。

思 考 题

1. 试述土地的特性？
2. 分别说明土壤、土地、国土的含义及相互关系？
3. 我国土地资源的特点主要表现在哪些方面？
4. 说明土地调查和土地登记两者之间的关系？
5. 说明初始土地登记与变更土地登记之间的区别？

第二章 地籍调查

第一节 地籍调查概述

国家为获取土地信息，科学管理土地，维护土地所有权、使用权而采取的一系列措施和进行的一切活动，就是地籍管理工作。我国地籍管理工作主要包括：土地调查、土地登记、土地统计、土地分等定级和地籍档案管理等五方面工作。其中土地调查是地籍管理的基础工作。

《中华人民共和国土地管理法实施条例》第三章中规定：国家建立土地调查制度。土地调查根据其调查的侧重面不同，可分为土地利用现状调查、地籍调查和土地条件调查三种。土地利用现状调查主要是以县为单位，按土地利用现状分类，以查清各类用地的分布、面积和利用状况为主要内容的调查。地籍调查以土地权属、位置、类别、等级、地界和面积为主要内容。土地条件调查是为评定土地质量，开展土地分等定级、估价提供资料和依据而进行的调查。本章仅讨论地籍调查。

一、地籍调查的目的和意义

地籍调查的目的是为满足土地登记的需要，国家依照有关法律程序，用科学的方法对申请登记的宗地进行现场调查，以核实宗地的权属和确认宗地界址的实地位置并掌握土地利用状况；通过地籍测量获得宗地的平面位置、宗地形状及面积的准确数据，从而为土地登记、核发土地证书做好技术上的准备。

我国人口众多，土地资源匮乏，珍惜和合理利用每一寸土地是土地管理的一项根本任务。为了搞好土地管理，必须掌握土地的最基本的信息，即土地的数量及其在国民经济各部门、各权属单位间的分配状况，土地的质量及使用状况。要取得这些信息，就必须按规定的程序和方法进行地籍调查。

建国40多年来，我国在计划经济支配下，土地使用方式都是无偿划拨。社会对地籍管理的需求不明显不迫切。随着我国经济体制改革的深入，土地管理制度和土地使用制度进行了相应的改革，土地使用制度已从无偿划拨改为有偿使用。进行地籍调查，查清每一宗地的面积，为公平征收土地使用税提供了可靠资料。

过去我国对地籍管理重视不够，政策、法规不健全，土地权属紊乱，土地权属纠纷、乱占滥用、私自出租或买卖、非法转让等现象时有发生。通过地籍调查，并在地籍调查基础上进行土地登记，是加强土地权属管理，维护土地所有者、使用者的合法权益，建立健全地籍管理制度的重要措施。

随着社会的进步，信息现代化的逐步实现，越来越多的部门需要高精度的地籍资料为本部门服务，国民经济的有关部门需要准确的土地数据、图件资料，作为规划、制定计划的科学依据。进行地籍调查，收集、建立并更新地籍调查资料库已成为信息社会不可缺少的基础信息资源，它对于政府部门的宏观决策，制定土地利用的总体规划，发挥城镇、村庄土地的整体功能，提高土地综合利用水平，促进社会生产力的发展都具有重要的意义。

二、地籍调查的内容

当前，我国实行土地登记制度，要求对每宗土地的登记都有三部分内容：（1）权属者状况；（2）土地权属和使用情况；（3）权利限制情况。土地登记的内容要求能反映宗地权属界线，有助于土地争议的裁决、处理，既保护土地所有者和使用者的合法权益，也有利于国家对土地使用的管理和监督。

为能进行这样的土地登记，必须对每宗土地的界址线有确切的描述和记载。因而地籍调查的主要内容可概括为：

（一）土地权属调查

依照有关法律程序，对申请权属登记宗地的土地权属及其权利所及的界限进行调查，在现场调查、核实、标定土地权属界线，了解土地使用状况，绘制宗地草图，填写地籍调查表，为地籍测量提供工作草图和依据。

（二）地籍测量

在土地权属调查的基础上，借助仪器以科学方法在一定区域内测量每宗土地的权属界线、位置、形状及地界等，以获得宗地界址的平面位置和宗地面积的准确数据，绘制地籍图，为核发土地证作技术准备，以满足土地登记的需要。

地籍测量的内容包括：地籍平面控制测量，宗地界址点测量，地籍要素的测绘，地籍图、宗地图绘制，面积量算，宗地面积汇总，土地分类面积统计等。

土地权属调查和地籍测量这两部分有着密切联系，但也存在着质的区别。土地权属调查主要是遵循规定的法律程序，根据有关政策，利用行政手段，确定界址点和权属界线的行政性工作。地籍测量则主要是将地籍要素按一定比例尺和图示绘于图上的技术性工作。

三、地籍调查的要求

地籍调查的任务面广量大，我国现阶段除农村集体所有土地采用土地利用现状调查成果进行土地登记外，约 30 万 km^2 的城镇土地及农村集镇土地都要使用地籍调查成果进行土地登记、建立初始地籍。由于调查涉及城镇、农村集镇的每一寸土地，关系到千家万户，因而地籍调查是一项政策性和技术性很强的工作。为了建立规范、科学的地籍调查资料，实现依法、统一、全面、科学管理城乡土地，开展这项工作必须满足以下基本要求。

（一）地籍调查的基本要求

（1）地籍调查属于一种政府行为，必须在政府统一领导下进行。由于地籍调查涉及到司法、税务、财政、规划、城建、房产等诸多方面。因此，开展初始地籍调查的市（县），应成立有主管市（县）负责人参加的地籍调查、土地登记领导机构，负责地籍调查工作的协调，而一些具体工作则由土地职能部门组织实施。

（2）地籍调查必须以原国家土地管理局根据《中华人民共和国土地管理法》有关规定制定的《城镇地籍调查规程》、《确定土地所有权和使用权的若干规定》为依据。

（3）开展地籍调查的市（县）必须具备一定的技术力量、基础资料、调查经费等条件。

（二）地籍调查的质量要求

为了确保地籍调查的工作质量，维护法律的尊严、政府的威望、土地管理部门的信誉，地籍调查成果质量标准应达到以下几项要求。

(1) 地籍调查是具有法律性质的调查，其成果经登记后，具有法律效力。因而地籍调查中应做到法律程序完备，成果要能反映整个过程，做到有凭有据。

(2) 地籍调查中所涉及到的表册和图件均按统一的表式和图例进行，表图的项目要填写齐全，做到不重不漏。

(3) 调查记录的格式和内容要采用专门设计的表格。要严格按地籍调查要求进行记录，做到事实记述清楚，语言简明扼要，结论准确。防止乱涂乱改，随意记录或事后追记等。

(4) 调查的各项数据必须准确无误，实测的数据必须达到地籍管理要求的精度。

第二节 地籍调查的分类及程序

一、地籍调查的分类

地籍调查按工作时间和任务分为初始地籍调查和变更地籍调查两种。

(一) 初始地籍调查

在初始土地登记前进行的地籍调查称为初始地籍调查。初始地籍调查是一项程序严密的调查工作。它一般包括宗地权属状况调查、界址点认定、土地使用状况调查和地籍测量等内容。

(二) 变更地籍调查

初始土地登记后，土地所有权、使用权及他项权利发生转移，土地用途发生变化，为保持地籍资料的现势性，维持初始地籍调查资料的准确性和宗地权属历史状况在法律关系上的连续性，对已发生变化的地籍资料和宗地状况应及时更新，这就是变更地籍调查。

变更地籍调查在变更土地登记前进行，其内容与宗地发生变化的内容即地籍要素改变的内容密切相关。它是地籍管理的一项日常工作，也是积累土地档案、维持地籍资料现势性的技术手段。

二、初始地籍调查的程序和方法

初始地籍调查的实施可大体上分为五个阶段和若干个步骤：

(一) 准备工作

1. 制定计划

地籍调查前必须周密计划，包括调查的范围、方法、经费、时间、步骤、权属调查及地籍测量人员的组织安排以及上述工作的协调等。

2. 调查范围的确定

在 1:2000~1:10000 比例尺的地形图上标绘调查范围，其范围应以图上已有的实地地物为界，整个调查范围的标绘要与土地利用现状调查的范围相互衔接，不重不漏。

3. 收集资料

将原有资料尽量收集齐全，并进行分析整理。收集的主要资料有：上级和本地政府、部门制定的与地籍调查有关的法规、政策和技术文件；经过初审的土地申报材料，现有的地籍资料；测量控制点成果；已有的大比例尺地形图、航摄资料；土地利用现状调查与非农业建设用地清查资料；房屋普查及工业普查中有关资料；土地征用、划拨、出让等资料；其他相关资料。

4. 技术设计

根据《城镇地籍调查规程》、《关于确定土地权属问题的若干意见》等文件,结合调查计划,经收集资料和实地踏勘,编制技术设计书,并按规定程序报批后实施。地籍调查项目技术设计的主要内容包括:

(1) 调查区概况。包括任务的名称、目的、工作内容;调查区的地理位置、范围、行政隶属、面积、实施单位、计划完成日期;调查区经济、地理特征和用地特点;可利用的已有资料情况;地籍调查的作业依据等。

(2) 权属调查的实施与要求。实施地籍调查的机构、队伍及程序;现场调查工作程序及必须履行的手续;调查区的划分及地籍编号的规定;土地分类的简要说明;界标的规格,现场标定的要求与编号;地籍调查表与文书的各项填写内容和要求;宗地草图表示的要求,丈量的技术方法与要求,共用宗地表示。

(3) 地籍平面控制测量和图根控制测量。地籍平面控制网的基本精度和主要技术要求,采用的坐标系统,控制网的布设等级及布设方案;控制点选点、埋石、点之记的要求;水平角观测和距离测定的方法和精度要求;成果的记录、整理,有关项目的检验和平差的方法,平差程序的名称、性能、编制单位;图根控制测量的精度、布设方法和主要技术要求,采用的仪器,水平角观测、距离测量的方法和精度要求,埋石要求。

(4) 地籍原图的测绘。地籍图的分幅规格,比例尺与编号方法;地籍图的内容表示要求;地籍图测绘的方法与精度指标;解析界址点的测定方法与要求,界址点坐标册编制要求;其他地物要素的测定方法与精度要求;二底图的精度要求和绘制要求。

(5) 面积量算、面积统计。面积量算的方法、限差、取位,宗地面积汇总与土地分类统计的要求。

(6) 宗地图绘制的方法和要求。

(7) 提供的成果资料。

(8) 计划安排。根据调查区的困难类别、设计方案、预计工作量和投入的人、财、物力,安排进度计划,并列出各工序衔接计划。

(9) 检查验收制度与组织验收单位。

(10) 图件设计部分。一般包括调查工作图,调查区三角测量、导线测量技术设计图,调查区地籍图分幅结合表。

5. 备置表册及仪器

按《地籍调查规程》要求备置统一印制的表格及簿册,购置所需的仪器和用品。

6. 人员培训

培训的主要内容是:组织地籍调查人员学习有关地籍调查的政策法规和技术规程、技术设计,明确调查任务,掌握调查方法、要求和操作要领,通过试点,取得调查工作的实际组织管理和操作经验,并经上级业务主管部门认定后,方可全面开展调查工作。

(二) 权属调查

(1) 制作调查工作图,划分调查区,预编地籍号。

(2) 发放指界通知书,现场审核申请书的申报内容。

(3) 确界、设置界标。

(4) 勘丈、绘制宗地草图。

(5) 填写地籍调查表。

（三）地籍测量
(1) 地籍平面控制测量。
(2) 地籍细部测量。
(3) 制作地籍图。
(4) 面积量算。
(5) 制作宗地图。

（二）、（三）部分内容在第三章权属调查和第四章地籍测量中详细介绍。

（四）地籍调查成果的整理

文字成果资料有地籍调查设计书；技术总结；工作总结；检查验收报告。

图件成果资料有控制网展点图；地籍调查表中的宗地草图；宗地图；地籍分幅结合图。

表簿成果资料有地籍调查表，地籍平面控制测量（包括图根）的原始记录，仪器鉴定资料，平差计算资料，控制成果表，点之记，地籍勘丈原始记录，解析界址点成果表，面积量算表，街道为单位宗地面积汇总表，城镇土地分类面积统计表。

（五）初始地籍调查成果的检查验收

为了确保地籍调查成果质量，以满足地籍管理的需要，应根据原国家土地管理局制定的《城镇地籍调查规程》、《城镇地籍调查成果验收办法》进行检查验收。作业完成后必须对地籍调查的各个项目进行作业员自检、作业组互检、作业队专门检查，以确保提供合格的地籍调查成果。在三级检查的基础上，由市级或省级验收组进行验收，只有经上级业务主管部门验收后地籍成果资料方可用于土地登记，核发土地证书和对外提供应用。

第三节 我国地籍管理的历史和国外地籍管理的发展概况

一、我国地籍管理的历史

地籍管理在我国有着悠久的历史，从奴隶社会、封建社会到半封建、半殖民地社会的漫长岁月中，均有相应的地籍管理记载。

早在公元前两千多年夏禹时，我国已有冀、兖、青、徐、扬、荆、豫、梁、雍等九州的土地调查，并按土色、质地、水分等把土地分为三等九级。这是我国最早的土地调查、土地分类、土地评价的历史写照。到了战国后期，奴隶制逐步瓦解。秦孝公任用商鞅变法，实行"废井田，开阡陌"的私田制的土地所有制，即把土地分成公（官）田和私（民）田，允许土地自由买卖。秦始皇统一中国后，始令黔首，自实田土，以定赋税，进行了大规模的清查户籍和地籍工作。

封建社会时期，封建统治阶级为了维护和巩固封建的土地制度及地主阶级的土地所有权，加强对土地的控制，限制土地兼并、均平税收和防止逃避兵役、赋役和隐瞒人口现象发生，均十分重视地籍工作。

东汉山阳太守秦彭，对当地的地亩进行丈量和分类，按田亩多寡肥瘠，编立文簿，藏于乡、县。其后，朝廷收其所立条式，通令各州县仿行，从而全国都编造了地籍簿册。从汉朝到唐朝这段历史时期内，统治者不仅在全国范围内建立了户籍制度，而且还进行了土地调查，并将人口、土地、赋税统一登记在一个簿册内。以户籍为主，地籍附在户籍簿册中，这就为地籍管理打下基础。

宋朝对地籍管理极为重视。北宋实行"方田法"十三年，官府重新丈量土地，按亩收税。当时东西南北各千步（约 4166.5 亩）为一方田。在方田的田角，立土为峰，四周植树为界。在丈量土地面积的同时，还调查地块的地形、土壤颜色、土地肥力，据以评定土地质量，进行土地登记，建立土地台帐。到了南宋公元 1142 年，为解决地籍散乱，逃避税收和国家的财政收入，曾实行"经界法"。令各户各乡建砧基簿（地籍簿），砧基簿除按规定格式记载各户田亩数量、质量和用途，还绘有地块示意图，标明四至，按图校地。凡未经砧簿登记的田亩，官府不予承认，可没收其地权。

到了明朝洪武四年，朱元璋为了改变宋、元两朝所留下的土地管理的混乱局面，下令设立户口田贴，进行全国性的大规模土地清查，编制全国土地总登记簿——鱼鳞图册。图册分总图和分图。总图是把一个州、县或一个乡管辖内的田地绘制在一起，挨次排列，形似鱼鳞，故名鱼鳞图册。分图以每一块为单位绘制，图内绘有简单的地形图状，注明面积、四至、土质、税则等，以及官府的统一编号、业主姓名和所在的都、里、甲等。一式四份，分存户部、布政司、府、县，作为征税的根据。鱼鳞图册实质上就是地籍登记册，它登记的项目和内容比较齐全，这是我国地籍管理史上一个重要的里程碑。中国历史博物馆展有鱼鳞图册藏本，是我国现存的古代地籍图。

清朝康熙年代经过三十年测量，测制成《皇舆全览图》。乾隆八年，颁布了田亩"丈量规则"，还制造了"铸铁标准号"，以宽一步，长二百四十步为一亩，统一了全国田亩丈量的标准尺寸，并在全国各地进行地籍测量，测制成《乾隆内府皇舆全图》。田亩"丈量规则"可以说是我国古代第一部测量规范，而《皇舆全览图》和《乾隆内府皇舆全图》则为当时的土地管理工作提供了较为科学的图件资料。

1840 年鸦片战争后，中国沦为半封建半殖民地社会。1853 年太平天国颁布了《天朝田亩制度》，规定把土地按田亩产量评定等级，将田地分为九等，按人口平分土地。以表示绝对平均分配土地的强烈愿望，可惜当时并未得以实施。

1922 年，孙中山先生在广州为了推行"平均地权"政策，设置了土地局，并聘请德国土地专家作为他的土地政策顾问。

1928 年国民党政府为了维护和巩固官僚、买办资产阶级和地主阶级对土地的私人占有和征收土地税的需要，在内政部设立土地司，设科管理全国土地测量事宜。1930 年制定和颁布了《土地法》，把地籍管理工作通过法律的形式固定下来。《土地法》对土地登记和地籍测量作了详尽的规定。1932 年首次采用航空摄影技术在江西施测地籍图。1934 年内政部制定了《土地法施行法》和《土地测量实施规则》等法规。1946 年国民党政府在行政院设置了地政部，下设地籍、地权、地价和总务等司，并修订和公布了新的《土地法》。该法特设地籍篇，规定地籍整理包括地籍测量及土地登记。地籍测量实施规则由中央地政机关规定；土地登记为土地及其建筑改良物的所有权与他项权利的登记，分为土地总登记和土地权利变更登记。全国各地和各省相继进行了地籍测量和土地登记、颁发土地权状的试点。

综上所述，我国历史上的土地管理工作具有以下几个特点：

(一) 土地管理工作是为了维护土地私有制、为征收赋税服务的一项国家的重要措施。

(二) 地籍最初是依附在户籍中，随着社会的发展，土地私有制的加强，地籍才从户籍中分离出来，作为独立的地籍簿册。

(三) 地籍工作的内容，既有土地数量、质量的调查统计，也包括土地权属的注册登记、颁发田单，既有初始统计、登记，也有受理买卖过户的变更登记。

新中国的建立，给土地管理工作带来根本性的变化。社会主义地籍管理是建立在社会主义土地公有制基础上的，它与我国历代的地籍管理及资本主义国家的地籍管理有着本质的区别。1950年6月30日，中央人民政府颁布《中华人民共和国土地改革法》，1953年全国大部分地区都已完成了土地改革，并结合土改分地，进行土地清丈、划界、定桩、登记和颁发土地所有证等地籍工作。与此同时，全国还普遍开展了土地调查、评定土地等级等工作。

党的十一届三中全会以后，随着党的工作重点的转移，地籍工作逐步提到国家议事日程上来。1982年以来，全国在农、牧区及城市郊区分别选定了几个不同类型县，采用大比例尺图件进行土地利用现状调查（详查）试点。1984年国务院决定进一步在全国范围内开展土地资源调查。

1986年，国务院正式成立国家土地管理局，各级地方政府的土地管理机构也相继成立。1986年6月全国人民代表大会常务委员会公布了《中华人民共和国土地管理法》，并于1987年1月1日起施行。这是我国建国以来第一部比较系统、全面的有关土地管理的专项法规。它标志着我国土地管理已开始进入一个崭新的历史时期。1987年国家土地管理局制定了《城镇、村庄地籍调查规程》（试行）和《全国土地登记规则》（试行）。为进一步探索开展城镇地籍管理的经验，从1989年起，国家土地管理局先后批准二个省八个市和三个县城开展地籍调查、地籍测量、土地登记以及颁发土地使用证等工作的试点。在各项地籍管理工作试点的基础上，进一步制定和完善各项地籍工作的技术规程和规定，如《土地利用现状调查技术规程》、《城镇地籍调查规程》、《土地登记规则》、《土地统计报表制度》、《城镇土地定级规程》和《农田土地分等规程》等等。这些规程为进一步健全完善地籍管理制度，使地籍工作逐步走上全面、科学管理的轨道奠定了基础。

二、国外地籍管理的发展概况

世界上有不少国家在地籍管理方面有着成功的经验。德国、前苏联、法国等国在地籍管理方面的经验很具代表性。一般说来世界各国地籍管理是由于公平征收土地税的需求而发展起来进而演变为保护私有产权的不动产地籍，而近代则向多用途地籍、自动化地籍系统方向发展。

(一) 税收地籍阶段

早期的地籍工作是为税收服务的，这种地籍为税收地籍。1085年，在英格兰与爱尔兰，威廉一世为征税目的，颁布了土地登记法令，1654年—1658年进行地籍测量。在法国，国民议会于1790年颁布进行征税地籍的命令。建立税收地籍，登记有纳税义务的土地所有者及其土地的面积、位置、地界走向、预计收成等。并用18年时间，耗费近亿法郎对所有的地块和房产进行测量。德国也于19世纪60年代，按法国模式建立了税收地籍。德国税收地籍分为三个阶段：

(1) 进行地籍测量，计算面积及编绘地籍图；

(2) 确定和计算土地的产量；

(3) 确定交税人的名单和交税金额。当时的地籍图是绘在硬纸板上的岛图，地籍描述说明部分装订成册管理。地籍测量是在缺乏三角测量资料的情况下，采用不同的精度和不同的成图比例尺，用平板仪测量方法进行的。

(二) 产权地籍阶段

随着工业的发展和城市的繁荣，地价愈来愈高，经常发生土地的买卖、交换、典押、分割等情况。为了使土地权属得到法律保护，准确地描述土地产权与地表地块的关系，由此从税收地籍发展成产权地籍。德国的地籍制度是典型的产权地籍，在德国取消了土地产权证书，每个地块权利归谁所有以及地产主对其地块的权利有哪些限制等都由政府部门进行土地登记，土地登记册具有法律效力。产权地籍一般要收集下述三组信息：

(1) 土地权利人的信息。土地权利人包括土地所有者、土地使用者、土地他项权利拥有者；

(2) 地块信息。指地块坐落、权属界线、用途、面积、土地级别以及地上物等；

(3) 产业主对地块权利的信息。为了保障产权的目的，要求有更高的地籍测量精度。这时的地籍测量普遍采用了统一的测量基础。1871—1875 年，德国成立了官方地籍测量的管理机构——地籍局。1885 年在新的地籍规范中，禁止采用平板仪图解交会的方法生产地籍图。并颁布了地产边界标定法，还增加了地产边界关系检核，规定界址点的测量精度。

(三) 多用途地籍阶段

20 世纪 30 年代以来，随着社会各方面的发展，地籍不仅是为了征收土地税或产权登记服务，更重要的是为政府机关、经济建设部门、社会管理部门的各项土地规划、土地利用和土地保护提供信息和基础资料服务，这就是多用途地籍。多用途地籍对地籍资料、测量成果的精度提出了更高的要求，概括起来有以下几点：

(1) 地产保证，即产权和地产边界的官方证明；

(2) 地产的界限要设置永久性标志，各个界址要精确测定，以便实施辨认和恢复，并可按点的坐标来确定地块的位置和计算有关数据；

(3) 对地块进行编号，确定利用类别，以便管理；

(4) 地籍平面控制测量与国家平面控制网相联系，按统一的坐标系编绘地籍图。这就构成了沿用至今的多用途地籍系统。

随着电子技术的发展和电子计算机的应用，世界上不少国家在地籍资料的管理、地籍数据的获取和处理等方面，普遍采用现代化仪器和设备。地籍数据采用电子速测仪自动采集与处理；地籍图、地籍表册利用电子计算机、绘图仪、数字化仪自动编制；地籍资料采用电子计算机存储、保存。用户可以通过计算机随时提取所需的数据及图件资料。在德国某些州、市中已经建立了一些专题的土地信息系统。有专为规划用的土地信息系统，有城市地下管线系统，最广泛、成效最大的是房地产信息系统。地籍管理已进入自动化管理高级阶段。

思 考 题

1. 试述地籍调查的目的和意义？
2. 地籍调查的主要内容有哪些？
3. 地籍调查的基本要求是什么？
4. 说明初始地籍调查的程序和方法？
5. 说明初始地籍调查与变更地籍调查之间的关系？

第三章 权属调查

第一节 概 述

一、权属调查的概念

权属调查是按照土地所有权人或土地使用权人的申请，在实地对土地所有者和使用者的名称、土地权属来源、权属性质、土地坐落、界线、数量、用途等情况进行调查、核实、丈量、记录的过程。调查结果在《地籍调查表》中用图、数、文作出确切的描述，并经土地使用者认定。从而为地籍测量提供正确的校核和丈量数据及资料，为土地权属审核、土地登记发证提供具有法律效力的调查文书凭据。权属调查是地籍调查的核心。

二、权属调查的内容和步骤

为了使权属调查的结果具有法律效力，《城镇地籍调查规程》详细规定了权属调查的内容和步骤，即：

(1) 准备权属调查工作图；
(2) 接受申报资料；
(3) 划分调查区，编制地籍号；
(4) 发送指界通知；
(5) 现场调查核实；
(6) 界址调查；
(7) 记载调查结果；
(8) 权属调查成果移交。

三、权属调查的单元

权属调查的基本单元是宗地。凡被权属界址线所封闭的地块称为一宗地。宗地也是地籍管理和土地登记的基本单元。按照《城镇地籍调查规程》的要求，一般将具有独立使用权的地块划为一宗地，宗地的划分应以方便地籍管理为原则。在实际工作中，常遇到一些特殊情况，应根据土地权属性质、土地使用者、土地用途及地籍调查要求等因素来分别加以处理。

(1) 一个土地使用者使用含有两种所有权属的土地，应按两宗地处理。
(2) 同一土地使用者使用不连接的若干地块，则应按每一地块分别编宗。
(3) 大型工矿、企业、机关、学校等特大宗地，如被公用道路、河流分割应分为若干宗地。
(4) 一个地块由几个土地使用者共同使用，而其间又难以划清权属界线的应按一宗地（共用宗）处理。
(5) 大型企、事业单位内具有法人资格的经济独立核算单位用地应分宗。
(6) 单位自管公房和房产管理部门直管公房用地，按房屋产权人或产权代表分宗。

(7) 特大宗地内用途明显不同且面积较大的地块，可依明显的地类界划分宗地。

(8) 市政道路、公用道路等用地不编入宗地内，也不单独编宗。

四、地籍编号

实行统一的土地划分和编号规定，为地籍资料的收集、整理、保管、统计和汇总提供了方便，还为建立地籍数据库进而建立地理信息系统做好准备。

1. 划分街道、街坊

城、镇权属调查中，土地一般按下面两种情况进行划分。

大、中城市：在城市的管辖范围内，下设行政建制的区，按各行政区范围划分土地。区下面分街道，街道下面划分成街坊，街坊下面为宗地。

小城市、建制镇：在城镇的管辖范围内，直接划分街坊，街坊下面为宗地。

街道是行政建制，其范围与城市街道办事处的管辖界线一致。

在街道范围内按道路、街巷、河沟等划分街坊。街坊是地籍管理的单位，街坊范围以其最外层宗地和外侧界址边为界。为了作业方便，街坊的范围不宜过大或过小。根据实践经验，一个街坊内宗地数宜小于60。街坊面积的大小要求在 A1 幅面的图纸上画得下比例尺 1:500 或 1:1000 的街坊图。

在街坊范围内，根据土地权属主的用地范围，划出土地的最小单元——宗地。街道、街坊、宗地的关系如图3-1所示。

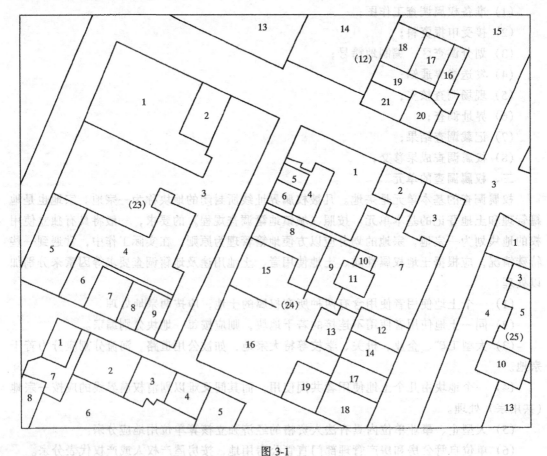

图 3-1

2. 编制地籍号

对于每个街道、每个街坊、每个宗地应赋予一个惟一的编号。土地的编号应该和土地划分相对应。

大、中城市：在城市和区行政名称下按街道、街坊、宗地三级编号。如图3-1中的3-(24)-2。3是街道号，(24)是街坊号，2是宗地号。

小城市、建制镇：在城市、镇的行政名称下按街坊、宗地两级编号。

在调查区内，所有的地籍号统一自左而右，自上而下，由"1"号开始按"弓"字形顺序编号。同一街道、街坊、宗地被两幅以上地籍图分割时，应注同一编号，共用宗也按上述要求统一编号，不加支宗号。地籍号在空间上、时间上具有惟一性，街道号、街坊号一旦确定使用，则不应再变，以免混乱。进行权属调查时，可预编地籍号中的宗地号，待权属调查结束后正式编宗地号。街道、街坊、宗地编号示例如图3-1所示。

第二节 土地权属的确认

一、土地权属的基本概念

土地权属是指土地所有权和土地使用权的归属。

（一）土地所有权

土地所有权是指土地所有者在法律规定的范围内，对拥有的土地享有自由使用和处置，并从土地上获得效益的权利。土地所有权是由土地所有制决定的，土地所有权受国家法律保护。

我国实行土地的社会主义公有制，即全民所有制和劳动群众所有制。土地分为全民（国家）所有和集体所有。属于全民（国家）所有的土地，称为国有土地；属于劳动群众集体所有的土地，称为集体所有土地。

《中华人民共和国宪法》和《中华人民共和国土地管理法》对国有土地、集体土地的范围作了明确的规定。国有土地包括：城市市区的土地；建制镇建成区范围内的土地；农村和城市郊区中依法没收、征用、征收、征购、收归国有的土地；国家未确定为集体所有的林地、草地、山岭、荒地、滩涂以及其他土地。集体所有土地：包括农村和城市郊区的土地，除法律规定属于国家所有的以外的土地；宅基地和自留地、自留山也属于集体所有。

国有土地所有权，其主体是代表全体人民利益的国家，任何国家机关、团体、部队、学校和国营企、事业单位对所使用的国有土地，只享有占有、使用之权，无处分之权。只有国家和国家授权的组织和个人才能行使全民所有制土地的所有权。

集体所有制土地所有权的主体是具有法人资格的农业集体经济组织。集体所有制组织内全体成员对土地共同享有占有、使用、收益、处分以及排除他人非法干涉的权利，农民个人不能成为集体所有制土地所有权的主体。农村集体所有的土地，其所有权的行使必须以国家制定的法律、法规及其他规范性文件为准，不得借口行使所有权而任意处置自己的土地，不得借口行使所有权而损害社会公共利益。

（二）土地使用权

土地使用权是指土地使用者对所使用的土地，依法享有利用和取得收益的权利。

在我国，一切国营或集体企业、事业单位及个人，均有依法使用土地的权利。凡依法经国家征用、划拨，解放初期接收，通过继承接受地上建筑物以及通过转让、出租、抵押等方式而合法使用国有土地的，可以依照规定确定其土地使用权，被依法确认的土地使用权受国家法律保护，任何组织和个人不得侵占、买卖或者以其他形式转让。使用土地的单位和个人，有保护、管理和合理利用土地的义务。

农村集体所有的土地，可以由集体土地所有者直接使用，也可以把土地确定给本集体内部成员使用。农村实行联产承包责任制，土地承包给农业劳动者个人以后，土地使用权与所有权是分离的，承包者个人对土地只有使用权，但不能随意变更土地权属。

(三) 他项权利

在已经确定了他人土地所有权和使用权的土地上保留其他利用土地方面的权利称为他项权利。他项权利的设定即依附于土地的所有权和使用权，同时也是对土地所有权和使用权的一种限制。目前，我国土地他项权利包括抵押权、租赁权、空中权、地下权、排水权、承包权等。他项权利的发生，有的是通过协议确定的，如租赁权，有的是法律明文规定，如通行权等。

二、土地权属确认的原则、依据和方法

确认土地权属的原则是有关法律、法规条文。我国现阶段主要依据《中华人民共和国宪法》、《中华人民共和国民法通则》、《中华人民共和国土地管理法》、国家土地管理局及地方人民政府有关确认土地权属的政策、规定。

确认土地权属的依据是：土地权属图文资料，即土地权属原始证据。包括县级以上人民政府批准征用、拨用土地文件，实现土地的社会主义公有制之前，有关确认农民土地所有权和城市私人土地所有权的证件等；土地权属现状，即目前土地使用者实际占用土地的状况。

国有土地所有权的确定主要是依据国家在各个时期制定的一系列法律、法令、条例、政策等规定，运用没收、征用、收归国有等法律手段形成的。国有土地一般只须确认使用权。全民所有制单位、集体所有制单位和个人依法使用国有土地或集体土地，须依法办理使用权确认手续，由县级以上人民政府登记造册、核发证书、确认使用权。

集体土地所有权的形成经历了从土改、合作社到公社，从个体农民所有制到社会主义集体所有制的过程。集体所有的土地，由县级人民政府登记造册，核发证书，确认集体土地所有权。其土地所有权受法律的保护，在其权力范围内不允许任何组织或个人非法侵犯。

第三节 界址调查

土地权属的界线称为界址线，界址线的转折点，称为土地权属界址点（简称界址点）。界址调查指对土地权属界址点、界址线实地位置的现场指界、设置界标等野外调查工作。

一、界址调查的重要性

界址调查是权属调查工作中的重点，也是地籍调查的核心工作，它关系到土地位置及权属范围。它是对宗地的界址状况进行实地调查，并经过邻界双方和调查人员的认可，通过法律手续予以确认的过程，其调查结果经登记后具有法律效力，受法律保护。实践证明,土地纠纷中大多数是界址纠纷,土地使用者最关心的是权属界址的认定。因此,界址调查要严格依据国家土地管理局制定的《确定土地所有权和使用权的若干规定》和本地区县级以上人民政府制定的"确权规定"文件精神进行。

二、界址认定的要求

(1) 界址认定应以具有法律效力的文据、图件认定。

(2) 界址的认定必须由本宗地及相邻宗地的土地使用者亲自到场共同指界后认定。单位使用的土地,须由法人代表出席指界,并出具身份证明和法人代表身份证明书。个人使用的土地,须由户主出席指界,并出具身份证明和户籍簿。被调查者如无法或暂时不能到现场指界,可由委托代理人指界,并出具身份证明和委托书。

(3) 如一方违约缺席,其宗地界线以另一方所指界线确定;如双方缺席,其宗地界线由调查员根据现状及地习惯确定,将现场调查结果,以书面形式送达违约缺席者。如有异议,须在规定的日期内提出重新划界申请,并负责重新划界的全部费用。逾期不申请,所确定界线则生效。

(4) 对有争议的界址,调查人员应现场调查处理。调查现场不能处理时,在调查记事栏上写明双方争议的原因,并画出有争议的地段,呈报地籍调查、土地登记领导小组裁决处理。

(5) 一宗地有两个以上土地使用者时,应共同委托代表指界,并出具指界身份证明和委托书。对本宗地能查清的要查清各自使用部分和共同使用部分的界线。

(6) 经双方认定的界址,必须由双方指界人在地籍调查表中签字盖章。

(7) 所有界址点都要按规定设置界标。

三、界址点实地位置的确定

地籍调查人员根据指界认定的宗地界址范围,在实地确定界址点、线,一般宜注意以下几点:

(1) 宗地界址线必须封闭,界址线的转折点都应为界址点,一般两相邻界址点间应为直线。对弧形界址线,一是在弧与直线相交的切点处设置界址点,二是在弧上相应位置设一个以上的界址点,见图3-2(*a*)。一个宗地与邻宗地共用界址线,邻宗地在该线上的界址拐点,同为该宗地的界址点。

(2) 沿街(路)用地界线以实际使用的合法围墙或房墙(垛)外侧为界,弄(巷)通道两侧建筑物用地原则上按现有界标物为准。

(3) 当界标物相邻间距小于10cm时,以外侧拐点为界址点,见图3-2(*b*)。

(4) 单位门口的内折"八"字形道路用地可确定给该土地使用单位,见图3-2(*c*)。

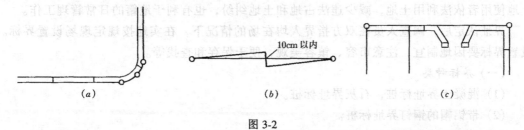

图 3-2

(5) 墙基线外占用人行道的台阶、雨罩等构筑物用地一般不确定给该土地使用者。

(6) 界址是使用土地的权属范围，不一定与建构筑物占地范围一致，如围墙外护沟往往也属其使用土地，应根据权源资料确定界址。

(7) 墙体为界标物时，应明确墙体用地的归属，尤要注意其公用界址点位置的确定。如图3-3所示，随着界址点的位置不同，围墙用地的归属也不同。

(8) 两个单位（个人）使用土地的界标物间隔宽度在1米以内的非通道夹巷，一般应以双方各半确权；两宗地间无明确归属的少量空隙地不影响交通时，可通过协商，确定其使用权。

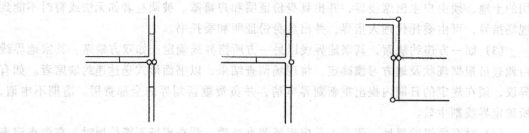

图3-3

(9) 土地使用权证明文件上四至界线与实际界线一致，但实际面积与批准面积不一致的，按实际四至界线，确定其使用权。

(10) 在建工程项目用地的界址线，以规划部门划定的红线内侧确定或暂不确定，待竣工后一个月内，再正式办理变更登记。

(11) 房屋开发公司已出售的商品房，一般以实际建筑占地分摊（含自行车房等）面积，确定购房者的土地使用权。未建成或建成后未出售的房屋用地，按征地面积确权给房产开发公司，待房屋出售后再办理土地使用权变更调查手续。

四、界址点编号

界址点编号方法主要有两种，一种是在权属调查的地籍调查表中（宗地草图上），以宗地为单位编号，到地籍测量时，再以街坊为单位根据宗地号顺序统一编号。另一种是直接以街坊为单位，根据宗地号的顺序统一编号。不论采用哪一种方法，都是从各宗地的西北角的界址点开始，按一定的顺序以阿拉伯数字表示。

五、设置界标

界标是界址点的标志，是界址在实地的法律凭证，是处理土地权属纠纷的依据。设置界标可以防止权属调查、勘丈绘制宗地草图与地籍测量对界址点的判别差错，保障准确地勘丈、绘制宗地草图，进行地籍测量，便于对地籍调查的测量成果进行实地检查，有利于土地使用者依法利用土地，减少违法占地和土地纠纷，也有利于地籍的日常管理工作。

界址认定后，调查人员在双方指界人均在场的情况下，在实地按规定现场设置界标。设置界标要因地制宜，注意市容、镇容美观，便于保存和查找等。

(一) 界标种类

(1) 混凝土界址标桩，石灰界址标桩。

(2) 带铝帽的钢钉界址标桩。

(3) 带塑料套的钢辊界址标桩，喷漆标志。

(二) 适用范围

(1) 在较为空旷地区的界址点和占地面积较大的机关、团体、企业、事业单位的界址点，应埋设混凝土界址标桩或现场浇筑混凝土界标桩。泥土地面也可埋设石灰界标桩。

(2) 在坚硬的路面或地面上的界址点，应钻孔浇筑或钉设带铝帽的钢钉界址标桩。

(3) 在坚固的房墙（角）或围墙（角）等永久性建筑物处的界址点，应钻孔设立带塑料套的钢辊界址标桩，也可设置喷漆界址标志。

（三）界标式样

(1) 混凝土界标桩、石灰界标桩（在地面上埋设），参见图3-4，图3-5（标准规格单位mm）。

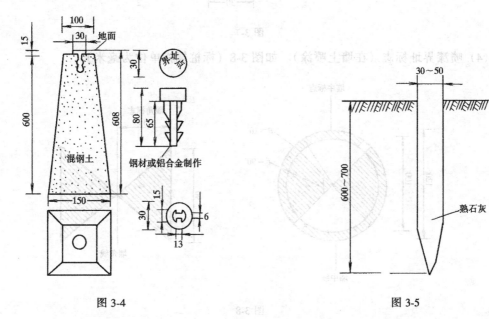

图 3-4　　　　　　　　　　　图 3-5

(2) 带铝帽的钢钉界标桩（在坚硬地面上钉设），如图3-6（标桩规格单位为毫米）。

(3) 带塑料套的钢辊界标桩（在房、墙（角）浇筑）。如图3-7（标桩规格单位为毫米）。

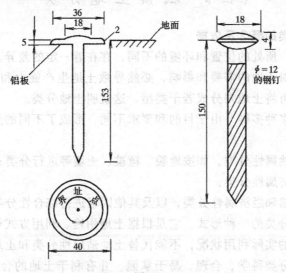

图 3-6

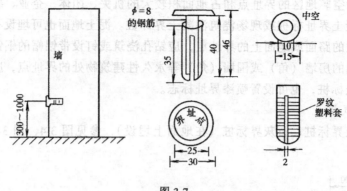

图 3-7

(4) 喷漆界址标志（在墙上喷涂）。如图 3-8（标桩规格单位为毫米）。

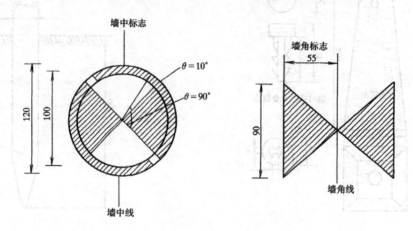

图 3-8

第四节 城镇土地分类

一、城镇土地分类的概念及依据

土地由于其组成、所处的位置和环境的不同，存在着一定的差异。土地本身的这些差异和人类生产、生活对土地的需要和影响，必然导致土地生产能力和利用方式上的差别。根据土地的差异性，可将土地划分成若干类型，这就叫土地分类。

土地分类的方法多种多样，由于目的和要求不同，形成了不同的分类系统。一般有下列三种分类方法：

(1) 按土地的自然属性分类，如按地貌、植被、土壤等进行分类；

(2) 按土地的经济属性分类；

(3) 按土地的自然和经济属性分类，以及其他因素进行综合性分类。城镇地籍调查中的土地分类就是综合分类的一种形式。它是根据土地用途、利用方式等特征进行的土地分类。它只反映了土地的实际利用状况，不能代替土地适应性分类和土地利用规划的分类。

为了使城镇土地分类科学、合理、易于掌握，并有利于土地的合理利用和科学管理，在进行城镇土地分类时，应遵循的原则是：

（一）保持统一性

城镇土地分类必须保证全国统一，土地类型的概念要清楚，含义要一致，各调查单位应遵循统一、规范的土地分类。只有这样，才能保证全国土地的统一管理和调查成果的汇总应用。

（二）讲究科学性

城镇土地分类体系应按一定的规律分层次组合排列。它以科学的调查为基础，根据城镇土地的用途归纳其共同性，区别差异性，由总体到细部，逐级细分，即采用多级续分法。科学的分类是城镇地籍管理的必要条件，也是合理利用土地的科学依据。

（三）考虑适用性

城镇土地分类应做到类型简明、层次分明，标准易判别，命名科学、通俗、含义准确，便于管理和应用。城镇土地分类体系的确定应结合我国国情，考虑历史的延续。分类体系一经确定后，就要多年使用，不宜频繁变更。

在城镇地籍调查中，原则上是一宗地一个类别。对于一个含有多种用途的宗地，则以宗地的主要用途为分类标准。对于大型工矿企事业单位学校等，如宗地内使用类别明显不同，并且类别界线明显，面积较大，可在宗地内划分出不同的使用类别界线。

二、城镇土地分类体系

为了有利于运用现代化手段管理和统计土地，逐步建立地籍数据库，为实现现代化地籍管理创造条件。地籍调查中的城镇土地分类，以土地用途为分类的主要依据，采用层次性等级续分制，并进行统一编号。《城镇地籍调查规程》中将全国城镇土地分成10个一级类，24个二级类。一级类主要依据城镇产业结构用地的状态划分；二级类是一级类的续分，主要是依据城镇土地利用方式划分，见表3-1。

城镇土地分类及含义　　　　　　　　　　表3-1

一级类型		二级类型		含　义
编号	名　称	编号	名　称	
10	商业金融业用地			指商业服务业、旅游业、金融保险业等用地
		11	商业服务业	指各种商店、公司、修理服务部、生产资料供应站、饭店、旅社、对外经营的食堂、文印誊写社、报刊门市部、蔬菜购销转运站等用地
		12	旅游业	指主要为旅游业服务的宾馆、饭店、大厦、乐园、俱乐部、旅行社、旅游商店、友谊商店等用地
		13	金融保险业	指银行、储蓄所、信用社、信托公司、证券兑换所、保险公司等用地
20	工业、仓储用地			指工业、仓储用地
		21	工业	指独立设置的工厂、车间、手工业作坊、建筑安装的生产场地、排渣（灰）场地等用地
		22	仓储	国家、省（自治区、直辖市）及地方的储备、中转、外贸、供应等各种仓库、油库、材料堆场及其附属设备等用地
30	市政用地			指市政公用设施、绿化用地

续表

一级类型		二级类型		含　义
编号	名　称	编号	名　称	
		31	市政公用设施	指自来水厂、泵站、污水处理厂、变电所、煤气站、供热中心、环卫所、公共厕所、火葬场、消防队、邮电局（所）及各种管线工程专用地段等用地
		32	绿化	指公园、动植物园、陵园、风景名胜、防护林、水源保护林以及其他公共绿地等用地
40	公共建筑用地			指文化、体育、娱乐、机关、科研、设计、教育、医卫等用地
		41	文、体、娱	指文化馆、博物馆、图书馆、展览馆、纪念馆、体育场馆、俱乐部、影剧院、游乐场、文艺体育团体等用地
		42	机关、宣传	指行政及事业机关，党、政、工、青、妇、群众组织驻地，广播电台、电视台、出版社、报社、杂志社等用地
		43	科研、设计	指科研、设计机构用地。如研究院（所）、设计院试验室、试验场等用地
		44	教育	指大专院校、中等专业学校、职业学校、干校、党校、中学、小学校、幼儿园、托儿所、业余、进修院校，工读学校等用地
		45	医卫	指医院、门诊部、保健院（站）、疗养院（所），救护、血站、卫生院、防治所、检疫站、防疫站、医学化验、药品检验等用地
50	住宅用地			指供居住的各类房屋用地
60	交通用地			指铁路、民用机场、港口码头及其他交通用地
		61	铁　路	指铁路线路及场站、地铁出入口等用地
		62	民用机场	指民用机场及其附属设施用地
		63	港口码头	指专供客、货运船舶停靠的场所用地
		64	其他交通	指车场站、广场、公路、街、巷、小区内的道路等用地
70	特殊用地			指军事设施、涉外、宗教、监狱等用地
		71	军事设施	指军事设施用地。包括部队机关、营房、军用工厂、仓库和其他军事设施等用地
		72	涉　外	指外国使领馆、驻华办事处等用地
		73	宗　教	指专门从事宗教活动的庙宇、教堂等宗教自用地
		74	监　狱	指监狱用地。包括监狱、看守所、劳改场（所）等用地
80	水域用地			指河流、湖泊、水库、坑塘、沟渠、防洪堤防等用地
90	农用地			指水田、菜地、旱地、园地等用地
		91	水　田	指筑有田埂（坎）可以经常蓄水，用于种植水稻等水生作物的耕地
		92	菜　地	指种植蔬菜为主的耕地。包括温室、塑料大棚等用地
		93	旱　地	指水田、菜地以外的耕地。包括水浇地和一般旱地
		94	园　地	指种植以采集果、叶、根、茎等为主的集约经营的多年生木本和草本作物，覆盖度大于50%或每亩株数大于合理株数70%的土地，包括树苗圃等用地
100	其他用地			指各种未利用土地、空闲地等其他用地

第五节 地籍调查表的填写

权属调查的结果均应记录在地籍调查表上，地籍调查表是地籍调查的原始资料，又是实地丈量的原始记录。作为法律效力的凭据，必须慎重填写并长期存档。

一、地籍调查表填写要求

地籍调查表是地籍调查的成果表，必须做到图表与实地一致，各项目应填写齐全，准确无误，无内容的项目用斜线划去。

地籍调查表应用碳素墨水在现场填写，文字力求简洁，所用专业术语力求规范，字体工整，字迹清楚，不得使用同音字。

填写的各项内容一般不得涂改，同一项内容划改不得超过两次，全表不得超过两处，划改处应加盖划改人员印章。

地籍调查表每宗地填写一份。项目栏的内容填写不完的可加附页，但须有调查人员签字。

地籍调查结果与土地登记申请书不一致时，按实际情况填写，并在说明栏内注明原因。

二、地籍调查表填写说明

封面页栏目：

（1）编号　填写该宗地的地籍号。

（2）　　　区（县）　　　街道　　　号　该宗地使用者的通讯地址。

（3）　　　年　月　日　实地进行权属调查的日期。

第一页栏目：

（1）初始、变更　初始地籍调查时，划去"变更"二字，变更调查时划去"初始"二字。

（2）土地使用者　名称：单位填写单位全称，应与单位印章一致；个人填写户主姓名，应与身份证、户口簿一致。凡租赁公房、私房或单位房屋的住户，不是土地使用权属主。

性质：单位填"全民"、"集体"、"三资"、"外资"等；个人独资或私人合营企业、商店填写"个体"；个人住宅填写"个人"。

（3）上级主管部门　填土地使用单位的上一级有法人资格的主管部门。"个体"、"个人"填居委会。

（4）土地坐落　宗地所在区、街道（镇）、街（路、巷）名及门牌号。

（5）法人代表或户主　单位填写本单位或上级部门具有法人资格的代表人姓名；法律规定不需办理法人登记的团体，如国家机关、事业单位填单位负责人姓名；个人则填写户口簿上的户主，身份证号码、电话号码应填全。

（6）代理人　受委托的指界人姓名，身份证号码。

（7）土地权属性质　分国有土地使用权、集体土地所有权或集体土地建设用地使用权三种权属性质，按调查的实际结果填写。

（8）预编地籍号　填写准备阶段预编的地籍号。

（9）地籍号　指经权属调查后正式确定的地籍号。

（10）所在图幅号　本宗地所在基本地籍图的图幅号。跨幅的宗地所在图幅号均全部填写。

（11）宗地四至　填写宗地四周相邻的情况，用界址点间隔反映。如东（1—3）为××单位，南（3—4）为××路，1、3、4为宗地界址点号。

（12）批准用途　政府及有关部门用地批文的用途。

（13）实际用途　指权属调查时土地主要用途。根据宗地实际用途、单位性质和批准用途，参照城镇土地分类体系确定到二级类。宗地主要用途确定后，如果宗地内还另有企业、商业、旅游服务业等用地时，还应查清其相应的建筑面积，填写在《地籍调查表》的说明栏内。

（14）使用期限　政府批准的使用期限，没有规定期限的暂不填写。

（15）共有使用权情况　共用宗地需说明宗地内总建筑面积和各使用者独自使用的建筑面积；共同使用部分的分摊方式，计算分摊系数各户分摊面积；共用宗地内各使用者独自使用的空地面积等。

（16）说明　指临时占用土地的面积和用途；出租土地的面积、用途、承租者、出租证件；一宗地两种用途的面积；他项权利等其他事项。

第二页栏目：

（1）界址点号　用阿拉伯数字逐次填写本宗地界址点号（邻宗地界线与本宗地界址线交点在本宗地参与编号），注意界址点号应与宗地草图上点号一致。

（2）界标种类　按实际设置情况，在对应栏内打"√"表示。

（3）界址间距　相邻两界址点间的距离，对未丈量的界址间距，填反算边长，单位为米，注至小数点后两位。

（4）界址线类别　界址线落在何种地物上，在其相应位置栏打"√"表示。

（5）界址线位置　根据界址线在界标物上的位置，分别在内、中、外处打"√"表示，内、中、外是对本宗地而言的。

（6）备注　填写需说明的事情。

（7）界址线签章　界址线起、终点号栏：填写相邻宗地间起、终点号，与宗地四至相对应；指界人姓名：应与有关证件一致；签章：用印章或指印，本宗地指界人需对每条界址边认定盖章；日期：邻宗地签章日期；界址调查员姓名：应为土地管理部门的正式工作人员。

第三页栏目：

宗地草图

宗地草图是描述以宗地权属界线为主，宗地位置、界址点、线和相邻宗地关系的实地记录。

1．宗地草图的作用

（1）用于处理土地权属纠纷，恢复界址点和界址线；

（2）用于装绘地籍原图，检核各宗地的几何关系、边长、面积、界址坐标等，以保证地籍原图的质量；

（3）用于计算规则图形宗地面积；

（4）用于变更地籍测量及其他日常管理。

2．宗地草图的内容

（1）本宗地号和门牌号；

（2）本宗地使用者名称；

编号：

地籍调查表

_____区（县）_____街道_____号
　　　　　　　　年　月　日

初 始、变 更　　　　　　　　表 3-2

土 地 使用者	名 称	
	性 质	

上级主管部门	
土 地 坐 落	

	法人代表或户主			代 理 人		
姓 名	身份证号码	电话号码	姓 名	身份证号码	电话号码

土地权属性质	

预编地籍号	地 籍 号

所在图幅号	
宗地四至	

批准用途	实际用途	使用期限

共 有 使用权情况	

说 明	

续表

界址点号	界址标示												备注
	界标种类				界址间距(m)	界址线类别				界址线位置			
	钢钉	水泥桩	石灰桩	喷涂		围墙	墙壁			内	中	外	

界址线		邻宗地			本宗地		日期
起点号	终点号	地籍号	指界人姓名	签章	指界人姓名	签章	

界址调查员姓名

续表

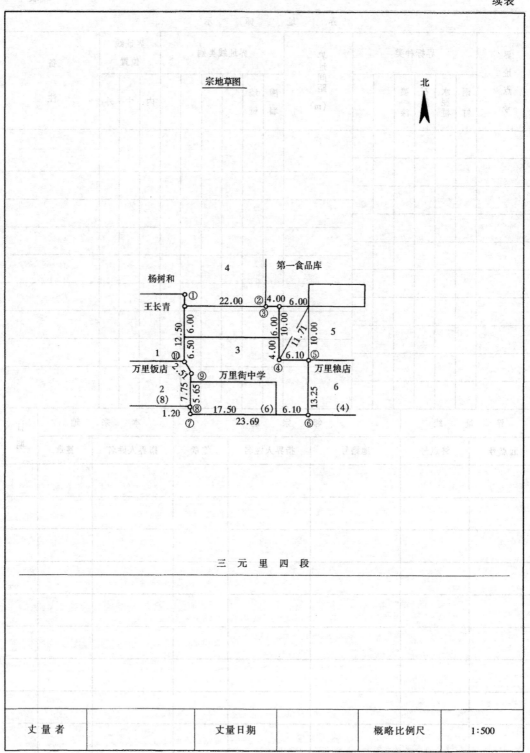

注：1. 本宗地相邻界址点间距总长注在界址线外，分段长注在界址线内。
2. 1，2，3，4，5，6 为宗地号；(4)(6)(8) 为门牌号，①②③④⑤⑥⑦⑧⑨⑩为界址点号。

续表

权属调查记事及调查员意见：	
调查员签名	日期
地籍勘丈记事：	
勘丈员签名	日期
地籍调查结果审核意见：	
审核人签章	审核日期

填 表 说 明

1. 说明

变更地籍调查时，将原使用人、土地坐落、地籍号及变更之主要原因在此栏内注明。

2. 宗地草图

对较大的宗地本表幅面不够时，可加附页绘制附在宗地草图栏内。

3. 权属调查记事及调查员意见

记录在权属调查中遇到的政策、技术上的问题和解决方法；如存在遗留问题，将问题记录下来，并尽可能提出解决意见等；记录土地申请书中有关栏目的填写与调查核实的情况是否一致，不一致的要根据调查情况作更正说明。

4. 地籍勘丈记事

记录勘丈采用的技术方法和使用的仪器；勘丈中遇到的问题和解决办法；遗留问题并提出解决意见等。

5. 地籍调查结果审核意见

对地籍调查结果是否合格进行评审。

6. 表内其他栏目可参照土地登记申请书中的填写说明填写。

43

线，相邻宗地的宗地号、门牌号和使用者名称或相邻地物；

(4) 在相应位置注记界址边长，界址点与邻近地物的相关距离和条件距离；

(5) 确定界址点位置、界址边方位所必须的或者其他需要的建筑物和构筑物；

(6) 指北线、丈量者、丈量日期；

(7) 共用宗各自使用和共同使用的界线和边长及各土地使用者的名称注记。

3. 宗地草图的要求

(1) 选用质量好适宜长期保存、使用的图纸绘制宗地草图。草图规格为32开、16开或8开。宗地过大可分幅绘制；

(2) 宗地草图按概略比例，用2H～4H铅笔绘制，线条、字迹要清楚，文字注记字头向北，数字注记字头向北、向西书写。注记过密的部位可移位放大绘出；

(3) 界址点用小圆圈表示，注出界址点号、界址边长、界址点至邻近地物点距离、图形条件距离。界址边长注在本宗地界址线外，分段长注在界址线内相应位置。边长在200m以内的应用钢尺丈量，并注记实量边长；如实地无法丈量，或200m以上的界址边长，可用坐标反算代替。

(4) 宗地草图必须在实地绘制，数据须实地丈量或测定且不得涂改、不得复制。

4. 勘丈、绘制宗地草图的方法

勘丈、绘制宗地草图的方法可以采用地形测量中学过的各种方法，如直接丈量、距离交会、截距法、极坐标等方法，以确定界址点或地物点的平面位置。

第四页栏目：

1. 权属调查记事及调查员意见

现场核实与申请书情况不一致的要说明原因；争议界址最后处理的情况；指界手续履行情况；界标设置、边长丈量方法等情况，是否可以进行地籍测量。

2. 地籍勘丈记事

勘丈的方法，使用的仪器，遇到的问题及处理方法。地籍勘丈员签名者应为地籍细部测量人员。

3. 调查结果审查意见

由主管地籍调查负责人根据调查要求及质量情况综合成文签署意见。

第六节　权属调查的实施

一、实施准备

在权属调查实施前应做好宣传发动工作，在调查区范围内张贴公告或在电视、广播中播放公告。公告写明：地籍调查范围、时间、要求及具体条款，调查时土地使用者应出示的证件，界址标志的设置及保护等。以达到权属调查和地籍测量时土地使用者与调查人员的密切配合，保证调查工作顺利实施。

准备权属调查工作图：为便于权属调查及与地籍测量的衔接，要准备比例尺约为1∶1000～1∶2000调查工作图，该图以能反映街坊内宗地关系位置现状为宜。可作为调查工作图的图件主要有：①大比例尺地形图；②放大的航摄像片；③大比例尺正射影像图；④也可用草绘的以街坊为单位的宗地位置关系图，该图用概略比例尺绘制，只要能正确反映宗地之间位置关系即可。

接收申报资料：接收经初审整理后的土地登记申请表及权源证明材料，并办理签收手续。

编制地籍号：对照申报材料，用铅笔将宗地标绘在工作图上，并预编地籍号，权属调查后，正式确定地籍号。

划分调查区：根据调查计划，依行政界线或自然界线划分调查区。划分时应保持街坊的完整性，避免重漏，以便科学地安排地籍调查工作。

发送指界通知：按调查工作进度，分区分片公告通知。根据调查任务提前两、三天送达指界通知书，通知书应由接受者签名，发送指界通知书时，应将地籍调查法人身份证明书（见表3-3）和指界委托书（见表3-4）一起送达用地者，用地者应按时到场接受调查核实和指界。

表3-3

地籍调查法人代表身份证明书

　　　　同志，在我单位任　　　　职务，系我单位法人代表，特此证明。

　　　　　　　　　　　　　　　　　　　　单位全称（盖章）
　　　　　　　　　　　　　　　　　　　　　年　　月　　日

附注：
①该代表人办公地点：　　　　　　　　　　联系电话：
②企事业单位，机关、团体的主要负责人为本单位的法人代表人。

表3-4

指界委托书

　　县（市、区）土地管理局：
　　今委托　　　　同志（性别：　　年龄：　　职务：　　）
全权代表本人出席　　　区　　街　　号土地权属界线现场指界。

　　　　　　　　　　　　　　　　　　　　委托人（盖章）
　　　　　　　　　　　　　　　　　　　　单　位（盖章）
　　　　　　　　　　　　　　　　　　　　委托代理人（盖章）
　　　　　　　　　　　　　　　　委托日期：　　年　　月　　日

附注：
受委托人办公地点：
联系电话：

二、实地调查

地籍调查人员携带准备好的调查工作图、地籍调查表以及量测工具，会同一宗地边界双方委派的指界人员到实地调查核实。

实地调查一般可分为以下四个部分：

（一）现场调查核实

通过现场询问及查勘，调查核实以下内容。

1. 指界人身份

调查单位用地时，应查收《地籍调查法人代表身份证明书》、《指界委托书》和指界人身份证明。调查个人用地时，还应查验户口簿及身份证。

2. 地籍号、土地坐落、宗地四至核实。

3. 土地权属性质和权源证明材料核实。

4. 土地用途核实。

5. 他项权利核实

主要核实该宗地有无出租、抵押，有无保证他人排水、通行，有无地下建筑设施等他项权利。

（二）界址调查

界址调查指对土地权属界址点、界址线实地位置的现场指界、设置界标、签字认定等项野外调查工作。界址调查是权属调查的重点，须依据有关确定土地权属的法规和文件精神进行。具体内容及要求见第三节。

（三）宗地丈量

根据设置的宗地界址点标志，丈量所有界址边边长、界址点与邻近地物点的相关距离和图形条件距离。丈量结果记录在勘丈记录表中，并注记在宗地草图的相应位置处。

宗地丈量应用经鉴定过的钢卷尺丈量。所有边长丈量时均应改变起读数据丈量两次。当两点之间不能直接量取时，应分别丈量。对无法丈量的边长，以反算边长为准。

勘丈数据以米为单位，保留小数点后二位。两次丈量结果较差为 50m 以内不超过 $20mm + 3\sqrt{L}mm$（L 的单位为米）；50m 以上，一类界址点不超过 10cm，二类界址点不超过 15cm。两次丈量较差在限差内，取其中数作为边长勘丈值。丈量时要注意墙体厚度，公共界址边边长应相等。

（四）记载调查结果

调查、勘丈结果应在现场记录于地籍调查表上并绘制宗地草图。

三、权属调查成果的移交

权属调查完成后，必须对权属调查成果进行严格的质量审核和分项处理，为地籍测量和今后的地籍管理打下良好的基础。

（一）权属调查应提交的成果资料

土地登记申请书（每宗地一份）；各种权属资料；土地登记收件单；指界通知书回执；法人代表身份证明书（每宗地一份）；指界委托书；权属调查笔录；地籍调查表（每宗地一份）；勘丈记录簿（每宗地一份）；地物勘丈数据记录手簿；宗地关系接合图；权属调查技术设计书及权属调查工作总结。

(二) 调查成果资料的整理

权属调查结束后，应对调查成果进行分类整理。凡每宗地均有的资料以宗地为单位装袋，并在资料目录上填写有关内容。以街坊为单位的资料整理装袋归档。

(三) 权属调查的检查验收

权属调查结束后，必须对权属调查资料进行自检、专检和实地抽查，以确保权属调查成果资料的质量。自检和专检率应达100%，抽检率一般不少于30%。

检查的主要内容有：地籍调查表各项栏目填写是否符合要求，是否有漏项；各种手续是否齐全；数据是否准确；相邻宗地地籍调查表中的宗地关系位置是否正确、公共界址边长是否一致、分段距离之和与总长是否相等；宗地草图绘制的是否符合要求、图中注记内容是否齐全；各项调查成果是否与实地情况相符，不符之处，调查人员应实地纠正等。

权属调查的成果资料经各项检查合格后，应将调查工作图 (标有地籍号、界址点号、宗地轮廓) 和地籍调查表移交给测量人员，并办理移交手续，以便测量人员顺利地开展地籍测量工作。测量人员在测量过程中若发现权属调查成果资料中的问题，应及时通知权属调查人员，并一起到实地加以核实和修正所发现的问题。

思 考 题

1. 说明权属调查的内容与步骤？
2. 什么是土地权属？确定土地权属的目的是什么？
3. 实地确定界址点、线，一般应该注意哪几点？
4. 划分土地的最小权属单位称什么？其划分原则是什么？
5. 什么是权属界址线和权属界址点？
6. 编制地籍号的原则是什么？有一土地编号为3-(24)-2,则该编号表示什么？
7. 城镇土地分类是如何进行编号的？
8. 地籍调查的主要内容有哪些？
9. 绘制宗地草图的要求是哪些？

第四章 地籍控制测量

地籍控制测量的目的是在测区内建立一个有一定精度和密度的地籍控制点网，为地籍测量提供一个准确可靠的定位基准。地籍控制测量的质量直接影响界址点测量、地籍图测绘和面积量算的质量，也影响地籍资料更新的质量和效率。

地籍控制测量包括地籍基本控制测量和地籍图根控制测量。

地籍图上通常不要求表示地貌，但对于山区或丘陵地区以及拟供其他部门使用的地籍图，可以适当表示地貌要素。地籍高程控制测量一般采用水准测量和三角高程测量的方法。

本章将根据国家土地管理局颁布的《城镇地籍调查规程》（以下简称《规程》）和国家测绘局颁布的《地籍测绘规范》（以下简称《规范》）的有关规定，着重论述城镇地区地籍平面控制测量的基本要求、布设方法、外业施测和内业计算等。

第一节 地籍基本控制测量

地籍基本控制测量包括一、二、三、四等国家平面控制测量；二、三、四等城市平面控制测量；一、二级导线测量；相应等级的 GPS（全球定位系统）测量。

一、地籍基本平面控制测量的要求

地籍基本平面控制测量的要求主要是对控制网的精度要求和密度要求。其精度和密度应满足下一级加密和测定界址点坐标的要求。

（一）精度要求和密度要求

《规程》规定：四等网中最弱相邻点的相对点位中误差不得超过 5cm；四等以下网最弱点（相对于起算点）的点位中误差不得超过 5cm。

平面控制点的密度应根据界址点的精度和密度以及地籍图测图比例尺和成图方法等因素确定。但还应考虑到地籍测量的特殊性，即应满足地籍测量资料的更新和恢复界址点位置的需要。

（二）各等级地籍基本控制网的主要技术要求

地籍基本控制测量可以采用常规的三角测量、导线测量等方法，也可采用 GPS 测量方法。按照《规程》和《规范》的有关规定，各等级的三角测量、光电测距导线测量和钢尺量距导线测量的主要技术要求如表 4-1、表 4-2 和表 4-3。GPS 测量的主要技术要求见第三节。

二、技术设计

（一）搜集和研究资料

为了使技术设计切合实际，须搜集和研究测区有关资料。对于测区内已有国家或城市平面控制点，应对其精度进行具体的分析和检测。若能满足要求，应充分利用其成果；若不能满足要求,也应充分利用其点位、标石和觇标。

三角网的主要技术要求　　　　　　　　　　表 4-1

等级	平均边长（km）	测角中误差（″）	起始边长相对中误差	最弱边长相对中误差
二等	9	±1.0	1/30 万	1/12 万
三等	5	±1.8	首级 1/20 万 加密 1/12 万	1/8 万
四等	2	±2.5	首级 1/12 万 加密 1/8 万	1/4.5 万
一级小三角	1	±5	1/4 万	1/2 万
二级小三角	0.5	±10	1/2 万	1/1 万

光电测距导线测量的主要技术要求　　　　　　表 4-2

等级	附合导线长度（km）	平均边长（m）	每边测距中误差（mm）	测角中误差（″）	导线全长相对闭合差
三等	15	3000	±18	±1.5	1/60000
四等	10	1600	±18	±2.5	1/40000
一级	3.6	300	±15	±5.0	1/14000
二级	2.4	200	±15	±8.0	1/10000

钢尺量距导线测量的主要技术要求　　　　　　表 4-3

等级	附合导线长度（km）	平均边长（m）	往返丈量较差相对误差	测角中误差（″）	导线全长相对闭合差
一级	2.5	250	1/20000	±5	1/10000
二级	1.8	180	1/15000	±8	1/7000

(二) 坐标系统的选择

地籍平面控制测量坐标系统尽量采用国家统一的坐标系统。条件不具备的地区可采用地方坐标系或任意坐标系。对于面积很小的测区,也可采用独立的平面直角坐标系,不经投影,直接在平面上进行计算。

地籍平面控制测量坐标系统的选择应以满足投影长度变形不大于 2.5cm/km（即 1:40000）为原则,并根据测区地理位置和平均高程而定。一般来说,当测区的平均高程大于 160m 或其平面位置离开统一的 3°带中央午线东西方向的距离（横坐标）大于 45km 时,其长度变形值将会超过 2.5cm/km。

1. 国家统一坐标系

当长度变形值不大于 2.5cm/km 时,应选用国家统一坐标系统。

实际上,长度变形值小于 2.5cm/km 的测区是不多的。

2. 地方坐标系

当长度变形值大于 2.5cm/km 时,应选用地方坐标系。即人为地改变归化高程,使距离的高程归化值与其高斯投影的长度改化值相抵偿,但不改变统一的 3°带中央子午线进行的高斯投影计算的平面直角坐标系统。这种坐标系统也称为抵偿坐标系。

选用地方坐标系,其观测值仍按统一的 3°带进行高斯投影的方向改化和距离改化。

严格来说，地方坐标系统中的长度变形完全抵偿仅在测区中心某横坐标为 Y_0 处。因此，这种坐标系统中仍有东西宽度的限制。超过此限制范围，尽管仍采用抵偿坐标系，但其东西边缘的长度变形仍会大于 2.5cm/km 的规定要求。

3．任意坐标系

当上述两种坐标系均无法选用时，可选用高斯正形投影任意带平面直角坐标系，简称任意坐标系。其高程归化投影面可为测区平均高程面，任意带中央子午线可选择通过测区中心的某经度值，并尽量减少投影的长度变形。

（三）首级平面控制网等级的确定

首级平面控制网的等级主要由测区面积来确定，参照表 4-4。

首级平面控制网等级的确定   表 4-4

首级控制网等级	三角网或边角网				导线网			
	三等	四等	一级	二级	三等	四等	一级	二级
测区面积（km²）	30~300	4~60	2~10	1~2	100~300	4~100	<4	<1

在确定首级平面控制网的等级时，还应考虑到测区已有控制点情况、仪器设备条件和委托单位的具体要求等等。

（四）图上设计

根据测量任务的要求和测区的具体情况，在测区已有合适的比例尺地形图上，设计出最适宜的布点方案，拟定出最恰当的点的位置。

首先在图上绘制地籍测量范围线，标出已有控制点的位置，确定起算边和起算方位角的位置。

然后设计控制网的布点方案，并在图上沿城镇主要交通干线拟定首级控制网点的位置。首级控制网的点数一般较少，以减少首级网的图形单元，增强网的图形强度，同时应与测区附近的国家或城市控制网联测，首级控制网须全面控制整个测区，并顾及今后向外扩展的便利。

再在图上拟定加密方案。

在图上选点时，应根据各相邻点方向线上的障碍物位置和高度，检查各相邻点之间的通视，并拟定觇标的类型和最有利的觇标高度，避免短边与长边相连接；即两相邻导线边长度比不应大于 1:3。

最后对所设计的控制网进行精度估算，以衡量其在相应等级预期观测和方法下，预计最终成果能否达到了预期的精度要求。精度估算有严密计算法和近似估算法，对于二、三、四等基本平面控制网采用严密计算法，对于一、二级小三角或导线可采用近似估算法。

在图上设计过程中，应进行控制网优化设计。在力求节省工作量和经费的情况下，从中选择满足精度要求的优化设计方案。

三、实地选点、造标和埋石

图上选点后，应到实地进一步核对和调整点位，尤其要检查控制点之间的通视情况，注意三角网的图形和导线网的结点位置。

实地选点结束后，应对拟构成初步图形的控制网进行精度估算。

二、三等控制点应建造觇标，四等控制视需要而定。一、二级小三角（导线）点不建造觇标。觇标的类型有寻常标、墩标、马架标和屋顶标等。

基本平面控制点应视控制网的等级和测区的土质条件，埋设相应的不同规格的标石，它是基本控制点的永久性标志。标石的类型有：

中心标石、屋顶标石、岩上标石及普通标石。

造标和埋石结束后，对各等级的基本平面控制点均应做点之记。二、三、四等基本平面控制点还要办好标志委托保管手续。

四、角度测量

（一）三角点水平角（方向）观测

各等级三角点的水平角，一般采用方向观测法。二等三角点的全部测回应在两个或两个以上时段的时间内完成，在一时段内观测的基本测回数应不超过全部基本测回数的 2/3。

各等级三角点的水平面观测的主要技术要求如表 4-5。

三角点水平角观测的主要技术要求 表 4-5

	控制网等级	二	三		四		一级		二级	
	仪器型号	DJ$_1$	DJ$_1$	DJ$_2$	DJ$_1$	DJ$_2$	DJ$_2$	DJ$_6$	DJ$_2$	DJ$_6$
	方向观测测回数	12	6	9	4	6	2	6	1	2
各项限差	光学测微器两次重合读数差（″）	1	1	3	1	3	3	/	3	/
	半测回归零差（″）	6	6	8	6	8	8	18	8	18
	一测回内 2C 互差（″）	9	9	13	9	13	13	/	13	/
	同一方向值各测回互差（″）	6	6	9	6	9	9	24	/	24
	三角形闭合差（″）	±3.5	±7.0		±9.0		±15.0		±30.0	
	测角中误差（″）	±1.0	±1.8		±2.5		±5.0		±10.0	

（二）导线点水平角观测

对于三、四等导线点来说，如果只有两个方向时，应按左、右角法进行观测。一般以总测回数的一半测回（奇数测回）观测左角，以另一半测回（偶数测回）观测右角。左角和右角分别取中数后计算出圆周角闭合差 Δ''，三、四等导线的 Δ'' 值限差分别为 ±3″.6 和 ±5″.0。

导线点上的观测方向数多于两个时，应按方向观测法进行观测。其限差见表 4-5。

各等级导线点水平角观测的主要技术要求如表 4-6。

各等级导线点水平角观测的主要技术要求 表 4-6

等 级	三 等		四 等		一 级		二 级	
仪器型号	DJ$_1$	DJ$_2$	DJ$_1$	DJ$_2$	DJ$_2$	DJ$_6$	DJ$_2$	DJ$_6$
测回数	8	12	4	6	2	4	1	3
坐标方位角闭合差（″）	±3$\sqrt{n}$		±5$\sqrt{n}$		±10$\sqrt{n}$		±16$\sqrt{n}$	
测角中误差（″）	±1.5		±2.5		±5.0		±8.0	

注：n 为测站数。

五、距离测量

(一) 光电测距

基本平面控制网的距离测量主要使用相应精度的光电测距仪进行光电测距。光电测距仪须按规定进行检定。

光电测距的技术要求如表4-7。

光电测距的技术要求　　　　　表 4-7

等级	测距仪等级	测回数		一测回读数较差（mm）	各测回间较差（mm）	往返或不同时间段较差
		往	返			
二	Ⅰ	4	4	5	7	
三	Ⅰ	4	4	5	7	
	Ⅱ	4	4	10	15	
四	Ⅰ	2	2	5	7	$\sqrt{2}(a+b \cdot D)$
	Ⅱ	4	4	10	15	
一级	Ⅰ，Ⅱ	2		10	15	
	Ⅲ	4		20	30	
二级	Ⅰ，Ⅱ	2		10	15	
	Ⅲ	4		20	30	

注：往返或不同时间段（上、下午）较差应将斜距化算到同一水平面上方可比较。

光电测距中，电照准一次，读四次数，称为一测回。

在利用光电测距仪进行光电测距时，应同时利用气压计、温度计测定气压和温度等气象数据，以便进行距离的气象改正。测定气象数据的主要规定如表4-8。

(二) 钢尺量距

对于地势平坦、面积较小测区的一、二级小三角的起算边和一、二级导线边的距离测量也可以采用钢尺量距。

量距前，钢尺要按规定进行长度检定。同一条边内的各尺段的端点偏离测线方向最大不得超过5cm。量距时，独立往返丈量2测回，每测回读3次，估读至0.5mm。每次读数较差、测回较差及往返丈量较差均应小于2mm。在量距的同时，应读记温度至0.5℃。在距离观测值中，须加入温度改正、尺长改正和倾斜改正。

测定气象数据的主要规定　　　　　表 4-8

等级	最小读数			测定时间间隔	气象数据的取用
	温度（℃）		气压 mmHg		
	干	湿			
二、三、四等	0.2	0.2	0.5	一测站同时段观测始末	测边两端的平均值
一级	0.5		1.0	每边测定一次	观测一端的数据
二级	0.5		1.0	一时段始末各测定一次	取平均值作为各边气象数据

六、观测成果的概算和验算

外业观测结束后，应进行概算和验算。

对于大面积测区，过去为了减少手算水平方向值曲率改正数工作量和及时检核观测成果的质量，除方位角条件闭合差验算外，其余条件闭合差的验算，均在椭球面上进行。故先进行验算，后进行概算。以前在概算时，也还要在高斯平面上对观测成果进行验算。而目前，则大多使用计算机进行验算，且所有条件的验算都在高斯平面上进行。因此，现在一般是把概算和验算合在一起。即先进行概算，其任务是检查与整理外业观测成果，将地面上的观测元素经过归心改正后归算到高斯平面上。接着就进行验算，其任务是计算控制网的各种几何条件闭合差，并与其相应限差作比较，检查观测成果的质量。

(一) 概算

1. 外业观测成果的整理与检查；
2. 绘制控制网络图，编制观测数据和起算数据；
3. 有关起算数据的换算；
4. 观测成果归化至标石中心的计算；
5. 观测成果归化至椭球面上的计算；
6. 椭球面上的成果归化至高斯平面上的计算；
7. 编制高斯平面上的观测数据和起算数据表。

(二) 验算

1. 三角测量的验算
(1) 三角形闭合差的计算；
(2) 测角中误差的计算；
(3) 圆周角条件闭合差的计算；
(4) 极条件闭合差的计算；
(5) 基线条件闭合差的计算；
(6) 坐标方位角条件闭合差的验算。

2. 导线测量的验算
(1) 坐标方位角条件闭合差的计算；
(2) 图形条件闭合差的计算；
(3) 测角中误差的计算；
(4) 导线边长中误差的计算；
(5) 导线全长相对中误差的计算。

七、控制网平差计算

各等级控制网应采用严密平差，平差后进行精度评定，其中包括单位权中误差、最弱相邻点点位中误差、最弱边的边长及方位角中误差等。

四等以下平面控制网也可采用近似平差和按近似法评定其精度。

当控制网是导线网或边角网时，应合理地对边、角（方向）观测值定权，使边角权合理匹配。否则，常会使最后平差结果不大合理，甚至会产生较大的差异，有时也会造成控制网及精度的严重误解或变形。由于上述控制网观测值具有不同的量纲，因此，如何在同一平差问题中对两种观测量确定一组合理的权，使之匹配合理，是平差中十分重要的问题。目前最常用的定权方法是高斯法，即 $P_\beta = \dfrac{C}{m_\beta^2}$，$P_s = \dfrac{C}{m_s^2}$。这种方法的不足之处是没有很好顾及边角观测量是具有不同量纲观测值。于是有人提出应顾及边角观测量之间不同的量纲和它们之间的关联问题，引入"类权"系数 t，t 即为边长平均值与角度余切平均值之积（$t = s \cdot \text{ctg}\beta$），其定权公式为：$P_\beta = \dfrac{C}{\left(\dfrac{m_\beta}{\rho}\right)^2}$，$P_s = \dfrac{t^2 \cdot C}{m_s^2}$。这样处理可能合理地反映测角和量边的相互关联，使平差结果不致于把误差集中在某一种量纲上，起到了将不同量纲的误差化为同量纲的等效量。

利用计算机进行平差计算时，应选择经过鉴定、功能齐全的程序。对数据的输入应进行仔细核对，计算的打印成果应进行校验。打印的平差成果应包括起始数据、方位角、边长、坐标、方向改正数、边长改正数、点位中误差、边长相对中误差及方向中误差、相对点位中误差。

第二节 地籍图根控制测量

一、概述

地籍图根控制测量在地籍基本平面控制测量的基础上加密，直接满足解析界址点和地籍图测绘的需要。

地籍图根控制测量在精度上应满足以 ±5cm 或 ±7.5cm 精度测量界址点坐标的要求，所以其布网规格与测图比例尺基本无关；而地形测量的图根控制网布网规格是由测图比例尺决定的。

地籍图根控制点的密度首先要满足测量界址点位置的需要，因此几乎所有的道路上都要布设地籍图根控制点；而地形测量的图根控制点密度，只需满足相应比例尺的地形测图的需要。所以，前者的密度要比后者高。

地籍图根控制测量不仅要为当前的地籍细部测量服务，而且还要为日常地籍管理服务，所以在地籍图根控制点上应尽可能埋设永久性或半永久性标志。同时，为了今后使用方便，应提交地籍图根控制点成果，并应有点位描述，附有图根点网图。而地形测量的图根控制点，原则上不必长久保存，点位上大多只作临时性标志。

地籍图根控制测量可采用图根导线测量和图根三角测量的方法。

二、图根导线测量

在城镇建成区，通常用导线布设地籍图根控制网。

图根导线一般分两级布设，布设形式为附合导线或结点导线。图根导线的边长测量一般采用光电测距方法。在地势平坦的测区，也可以采用钢尺量距的方法。

（一）图根导线测量的主要技术要求

图根导线测量的主要技术要求见表 4-9 的规定。

图根导线测量的主要技术要求　　　　　　表 4-9

级别	导线长度 (km)	平均边长 (m)	测回数		测回差 (″)	方位角闭合差 (″)	导线全长相对闭合差	坐标闭合差 (m)
			DJ_2	DJ_6				
一级	1.2	120	1	2	18	$\pm 24\sqrt{n}$	1/5000	0.22
二级	0.7	70		1		$\pm 40\sqrt{n}$	1/3000	0.22

注：n 为测站数。导线总长度少于 500m 时，相对闭合差分别降为 1/3000 和 1/2000，但坐标闭合差不变。电磁波测距导线可按需要自行设计，但精度不得低于表 4-9 的规定。

（二）光电测距图根导线

每条边观测 1 测回，读两次数。两次读数差：Ⅱ级仪器应小于 10mm，Ⅲ级仪器应小于 20mm。

距离观测值中，应加入仪器的加常数改正、乘常数改正、气象改正和倾斜改正。

（三）钢尺量距图根导线

钢尺应按规定进行检定。同一条边内各尺段的端点应大致在一条直线上。量距时，单程丈量一次，每尺段在不同位置读数两次，读至 5mm，两次读数差不得大于 10mm。

当尺长改正数大于尺长的 1/10000 万、尺面倾斜大于 1.5%、量距时平均尺温与检定时温度相差 ±10℃ 时，在距离的丈量结果中，应分别加入尺长改正、倾斜改正和温度改正。

三、图根三角测量

在基本平面控制点少、地形起伏较大、通视条件较好的测区，可以采用图根三角锁（网）、前方交会、侧方交会等方法施测。

图根三角锁（网）的平均边长不宜超过 85m，传距角应小于 30°（特殊情况下不小于 20°）。线形锁三角形个数不得超过 12 个。采用交会法时，交会角应在 30°～150°之间。

水平角使用 J_6 级仪器按方向观测法观测 1 测回，多于 3 个观测方向时应归零。半测回归零差的限差为 ±24″。

四、地籍图根控制测量的验算和平差

（一）验算

图根导线测量的验算项目为：方位角闭合差、坐标闭合差和导线全长闭合差的计算。各项限差如表 4-9 所示。

图根三角测量的验算项目为：三角形闭合差、测角中误差、方位角闭合差和坐标闭合差的计算。前三项的限差分别为 ±60″、±20″ 和 ±40$\sqrt{n}$，单三角锁的坐标闭合差不应大于 0.05$\sqrt{n}$（m），n 为三角形个数；线形锁重合点或测角交会点的两组坐标较差不应大于 10cm。

（二）平差

可采用近似平差方法。角度取到秒，边长和坐标取到 0.01m。

第三节　GPS 在地籍控制测量中的应用

利用 GPS 技术进行地籍控制测量，具有精度高、速度快、布点灵活和费用省等优点。GPS 技术已日益广泛地应用于我国地籍测量领域，而且还将会更加深入和普及。

一、GPS 网的布设

GPS 网按相邻点平均距离和精度分为二、三、四等和一、二级。可分级布设，也可越级布设或布设同级全面网。

GPS 网应根据测区实际需要和交通状况进行布设。GPS 网虽不要求相邻点之间互相通视，但考虑到利用常规测量方法加密时的需要，每点应有不少于 2 个的通视方向。布设 GPS 网时，应尽量采用旧点标石。

GPS 网必须由非同步独立观测边构成若干个闭合环或附合路线。GPS 网的闭合环或附

合路线中的边数限值为：当平均重复设站数≥2时，二、三、四等和一、二级网应分别小于6、8、10和10、10条；当平均重复设站数<2时，三、四等和一、二级网应分别小于5、6和8、8条。

GPS网点应选在易于长期保存、便于观测、视野开阔、交通方便、在地平高度角15°以上无大面积遮挡物、远离大功率无线电发射源和高压输电线之处。

GPS网的主要技术要求如表4-10所示。

GPS网的主要技术要求　　　　　　　　　　　　表4-10

等级	平均距离 (km)	基线向量的弦长精度		最弱边相对中误差
		a （mm）	b （ppm）(10^{-6})	
二	9	≤10	≤2	1:120000
三	5	≤10	≤5	1:80000
四	2	≤10	≤10	1:45000
一级	0.5	≤10	≤10	1:20000
二级	<0.2	≤15	≤20	1:10000

注：GPS基线向量的弦长中误差 $\sigma = \sqrt{a^2 + (b \cdot d)^2}$，$a$ 为固定误差，b 为比例误差系数，d 为相邻点间距离。当边长小于200m时，以边长中误差小于20mm来衡量。

二、野外数据采集

GPS技术主要是利用GPS接收机接收GPS卫星信号。野外数据采集的主要工作包括观测和测站记录等。

（一）GPS接收机选用

GPS接收机选用载波相位型单频或双频接收机，其标称精度除二等GPS网需用10mm+2ppm·D以外，其余各级网均可选用10mm+3ppm·D的接收机。

新购或者维修后的接收机必须按规定进行全面的检验。

（二）观测

1.GPS测量作业的基本技术要求

各级GPS测量作业的基本技术要求如表4-11所列。

各级GPS测量作业的基本技术要求　　　　　　　表4-11

项目	方法	等级 二	三	四	一级	二级
卫星高度角（°）		≥15	≥15	≥15	≥15	≥15
有效观测卫星数	静态	≥6	≥4	≥4	≥3	≥3
	快速静态			≥5	≥5	≥5
观测时段数		≥2	≥2	≥2		
平均重复设站数			≥2	≥2	≥1.5	≥1.5
时间长度（分）	静态	≥90	≥60	≥45	≥45	≥45
	快速静态			≥20	≥10	≥10
数据采样间隔（秒）		15~60	15~60	15~60		
PDOP/GDOP		<8	<10	<10	<10	<10

2. 观测前的准备工作

作业组进入测区前，应事先打印出 GPS 卫星可见性表。预报表不应超过 20 天。

作业组在观测前，根据接收机台数、GPS 网形设计及卫星预报，编制作业调度表。

每天出发前必须检查电池容电量是否充足，仪器及其附件是否齐全。检查接收机内存或磁盘容量是否够用。

3. 观测

作业人员到达测站后，先使接收机处于静止状态后再安置天线。天线对中误差不得大于 3mm，天线应严格置平。天线定向标志指向正北，定向误差在 ±5°以内。要求测前、测后各量取一次天线高，其较差不超过 3mm。

观测组必须严格按调度表规定时间作业，以保证同步观测同一组卫星。

开机前要检查电缆线连接是否正确，无误后方能开机观测。观测时要细心操作，观测时间不得擅自离开测站，要防止仪器震动和移动，防止人和其他物体靠近天线遮挡卫星信号。

每日观测结束后，应及时将数据转存至计算机软、硬盘上，确保观测数据不丢失。

（三）测站记录

一切原始观测值和记事项目，必须按规定在现场进行记录。各时段观测结束后，应及时将外业观测记录存入计算机硬盘。接收机内存数据转入计算机时，不得进行任何剔除或删改，不得调用任何数据实施重新加工组合的操作指令。

测量手簿必须在现场按作业程序完成记录，不得涂改、转抄，严禁事后补记或追记。

三、数据处理

（一）基线解算及其质量检核

1. 基线解算

基线解算一般采用双差相位观测值，对于边长超过 30km 的基线，解算时也可采用三差相位观测值。

基线解算中所需的起算点坐标，应按以下优先顺序采用：国家 A、B 级网控制点或其他高等级 GPS 网控制点的已有 WGS—84 系坐标系；国家或城市较高等级控制点转换到 WGS—84 系后的坐标值；不少于观测 30 分钟的单点定位结果的平差值提供的 WGS—84 系坐标。

采用多台接收机同步观测的同一时段中，可采用单基线模式解算，也可以只选择独立基线按多基线处理模式统一解算。

同一级别 GPS 网，根据基线长度不同，可采用不同的数学处理模型。8km 内的基线须采用双差固定解；30km 以内的基线，可在双差固定解和双差浮点解中选最优结果；30km 以上的基线，可采用三差解作为基线解算的最终结果。

对于所有同步观测时间短于 30 分钟的快速定位基线，必须采用合格的双差固定解作为基线解算的最终结果。

2. 基线解算的质量检核

基线解算的质量检核是确保外业观测成果、实现预期定位精度的重要环节。基线解算的质量检核包括同步边观测数据的检核和同步环闭合差、独立环（异步环）闭合差以及复测基线较差的计算等。

(1) 同步边观测数据的检核

同一时段观测值基线处理中,二、三等数据采用率都不宜低于 80%。同步边各时段平差值的中误差与相对中误差应符合表 4-10 的规定。

(2) 同步环闭合差的计算

采用单基线处理模式时,对于采用同一种数学模型的基线解,其同步时段中任一三边同步环的坐标分量相对闭合差和全长相对闭合差不宜超过表 4-12 的规定。

同步坐标分量及环线全长相对闭合差限差　　　　　表 4-12

限差类型	等级	二	三	四	一级	二级
坐标分量相对闭合差(ppm)		2.0	3.0	6.0	9.0	9.0
环线全长相对闭合差(ppm)		3.0	5.0	10.0	15.0	15.0

对于采用不同数学模型的基线解,其同步时段中任一三边同步环的坐标分量闭合差和全长闭合差按独立环闭合差要求检核。同步时段中的多边形闭合环,可不重复检核。

(3) 独立环闭合差的计算

无论采用单基线模式或多基线模式解算基线,都应在整个 GPS 网中选取一组完全的独立基线构成独立环,各独立环坐标分量闭合差和全长闭合差应符合下式规定:

$$W_X \leq 2\sqrt{n}\sigma_0 \qquad W_Y \leq 2\sqrt{n}\sigma_0 \qquad W_Z \leq 2\sqrt{n}\sigma_0 \qquad w \leq 2\sqrt{3n}\sigma_0$$

式中 n 为独立环中的边数,σ_0 为按平均边长计算的相应等级基线向量弦长中误差。

(4) 复测基线较差的计算

重复观测基线的边长较差不得超过下式规定:

$d_s \leq 2\sqrt{2}\sigma$　　式中 σ 为相应等级基线向量弦长中误差。

(5) 补测与重测

无论何种原因造成一个控制点不能与两条合格独立基线相联结,则在该点上应补测或重测不少于一条独立基线。

可以舍弃在复测基线边长较差、同步环闭合差检验中超限的基线,但必须保证舍去基线后的独立环所含基线数不得超过前述的规定。否则,应重测该基线或者有关的同步图形。

(二) 平差计算

1. 无约束平差

各项质量检核符合要求后,以所有独立基线组成闭合图形,以三维基线向量及其相应方差、协方差阵作观测信息,以一个点 WGS—84 系三维坐标为起算数据,进行三维无约束平差。三维无约束平差应提供:各控制点在 WGS—84 系下的三维坐标、各基线向量三维坐标差观测值的改正数、基线边长;点位和边长的精度信息。

无约束平差中基线向量的改正数绝对值应满足下式:

$$|V_{\Delta x}| \leq 3\sigma \qquad |V_{\Delta y}| \leq 3\sigma \qquad |V_{\Delta z}| \leq 3\sigma$$

否则,认为该基线或附近存在粗差基线,应采用软件提供的方法或人工方法剔除粗差基线,直至符合上式要求。

2. 约束平差

在无约束平差确定的有效观测基础上,在国家坐标系或城市坐标系下进行三维约束平差或二维约束平差。约束点的已知坐标、已知距离或已知方位可以作为强制约束的固定值,也可以作为加权观测值。

平差结果应输出:在国家或城市独立坐标系中的三维或二维坐标;基线向量改正数、基线边长、方位;转换参数;坐标、边长、方位和转换参数的精度信息。

约束平差中,基线向量的改正数与剔除粗差后的无约束平差结果的同名基线相应改正数较差应符合下式要求:

$$dv_{\Delta x} \leq 2\sigma \quad dv_{\Delta y} \leq 2\sigma \quad dv_{\Delta z} \leq 2\sigma$$

否则,认为作为约束的已知坐标、已知距离、已知方位与 GPS 网不兼容,应采用软件提供的或人为的方法剔除某些误差较大的约束值(改为待定点),直至符合上式要求。

思 考 题

1. 地籍基本控制测量包括哪些?
2. 地籍测量中的坐标系统如何选择?
3. 地籍图根控制测量的主要技术指标有哪些?

第五章 地籍细部测量

地籍细部测量是在权属调查和地籍控制测量工作之后进行的,它是地籍测量工作的重要组成部分。其内容包括界址点测定、地籍图测绘和面积量算。本章主要讲述城镇地区的界址点测定和地籍图测绘,面积量算将在第六章中专门讨论。

第一节 界址点的测定

一、概述

准确地测定界址点的位置是土地产权管理的前提。界址点是地籍图中最重要的要素。面积量算的精度主要取决于界址点的测定精度。每宗土地的位置、权属界线、形状、面积以及各宗地间的关系,是地籍调查的核心问题。这个问题的解决主要是通过准确地测定界址点的位置来实现的。

界址点测定有两种方法。一种是解析法,即利用实测元素按公式解析计算出它们的坐标。角度是用 J_6 或者 J_2 经纬仪测量,距离是用光电测距仪或者钢尺丈量。另一种是图解法,即用勘丈值在图上确定界址点的位置,不测算界址点的坐标。这两种方法所测定的界址点的位置均需用宗地草图上的有关数据进行严格的检核。

测定界址点时,应充分利用各级地籍平面控制点作为测站点。若其不能满足需要时,应进行补充。但在任何情况下,都不能用补充的测站点作大面积控制。补充测站点总的要求是应能保证精度和可靠性。具体方法很多,较常用的是支导线法。

利用解析法所测定的界址点称为解析界址点。利用图解法所测定的界址点称为图解界址点。本节介绍解析界址点的测定,图解界址点的测定在下一节中介绍。

二、界址点的分类及其精度指标

《规程》将城镇地区的权属界址点分为两类。街坊外围界址点及街坊内明显界址点为一类;街坊内部隐蔽的界址点及村庄内部界址点为二类。

界址点的精度指标应符合表 5-1 的规定。从精度上看,界址点测定介于图根控制测量与地形碎部测量之间。

界址点精度指标及适用范围 表 5-1

类别	界址点对邻近图根点点位误差(cm)		界址点间距允许误差(cm)	界址点与邻近地物点关系距离允许误差(cm)	适用范围
	中误差	允许误差			
一	±5	±10	±10	±10	城镇街坊外围界址点及街坊内明显界址点
二	±7.5	±15	±15	±15	城镇街坊内隐蔽界址点及村庄内部界址点

注:界址点对邻近图根点位误差系指用解析法勘丈界址点应满足的精度要求;界址点间距允许误差及界址点与邻近地物点关系距离允许误差系指各种方法勘丈界址点应满足的精度要求。

三、界址点的测定

解析法测定界址点的主要方法是极坐标法。但对于通视不好或者孤立分布的少数界址点，使用极坐标法是不经济的。另外，有些沿直线排列的界址点，也没有必要逐点地使用极坐标法测定。在这些场合下，可以灵活地采用其他的方法，如角度前方交会法、距离交会法、截距法、垂直线法和自由设站法等。

（一）方法

1. 极坐标法

极坐标法是在测站上整置仪器，观测已知方向至界址点间的水平角，并量取测站点至界址点间的距离，通过计算求得界址点的坐标。

这种方法由于比较灵活，在一个测站上常可同时测量多个界址点。因此，在界址点测量中被广泛地使用。街坊外围全部界址点、街坊内部的界址点，应在图根控制点上设站，尽可能采用极坐标法测定。

利用极坐标法测定界址点时，若用钢尺量距，距离一般不超过 50m。若用光电测距，距离一般不超过 150m。极坐标法的最大缺点是没有检核条件，且测角或量距错误不易发现。所以采用这种方法，必须十分细心。

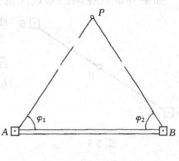

图 5-1

2. 角度前方交会法

角度前方交会适用于测定那些难以到达或难以量距的明显界址点。如隔岸界址点即可用该法测定。

如图 5-1 所示，A、B 为已知点，P 为界址点。若测定了角度 φ_1、φ_2，则界址点 P 的坐标为：

$$X_P = \frac{x_A \operatorname{ctg}\varphi_2 + x_B \operatorname{ctg}\varphi_1 - y_A + y_B}{\operatorname{ctg}\varphi_1 + \operatorname{ctg}\varphi_2}$$

$$Y_P = \frac{y_A \operatorname{ctg}\varphi_2 + y_B \operatorname{ctg}\varphi_1 + x_A - x_B}{\operatorname{ctg}\varphi_1 + \operatorname{ctg}\varphi_2}$$

使用角度前方交会法时，交会角∠APB 应在 30°～150°之间。另外，该法没有检核条件，作业时应细心，最好再能从第三个已知点进行交会，以便校核。

上面列出的角度前方交会公式仅适用于 A、B、P 按逆时针编号的情况，否则会式需进行相应的改动。

3. 距离交会法

距离交会法是从两个已知点分别量出至一个未知地点的距离从而确定出未知地点的位置的方法。

距离交会法广泛用于二级界址点的测定。

如图 5-2 所示，A、B 为已知点，p 为界址点。若丈量了边长 a、b，则

$$\varphi_1 = \arccos(-a^2 + b^2 + c^2)/2bc$$

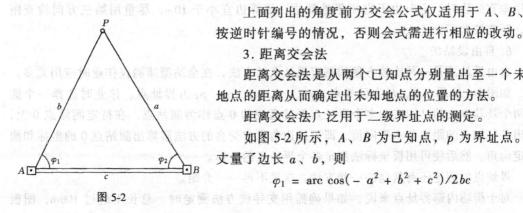

图 5-2

$$\varphi_2 = \text{arc cos}(a^2 - b^2 + c^2)/2ac$$

$$\alpha_{AP} = \alpha_{AB} - \varphi_1 \quad \alpha_{BP} = \alpha_{AB} + 180° + \varphi_2$$

$$X_{p1} = X_A + b\cos\alpha_{AP} \quad Y_{p1} = Y_A + b\sin\alpha_{AP}$$

$$X_{p2} = X_B + a\cos\alpha_{BP} \quad Y_{p2} = Y_B + A\sin\alpha_{BP}$$

$$X_P = (X_{p1} + X_{p2})/2 \quad Y_P = (Y_{p1} + Y_{p2})/2$$

使用距离交会法时，交会距离宜小于 20m，应尽量再从第三个已知点进行交会，以便校核。交会角∠APB 应在 30°～150°～之间

4. 内外分点法

如果界址点在两已知点间的连线上，则分别量测出两已知点至未知界址点的距离，从而确定未知界址点的位置

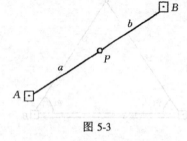

如图 5-3 所示，A、B 为已知点，其距离为 S_0，P 为界址点，它到两已知点的距离分别为 a 和 b。若丈量了 a、b，则界址点的坐标为：

$$X_P = X_A + a(X_B - X_A)/S$$
$$Y_P = Y_A + a(Y_B - Y_A)/S$$

图 5-3

使用内外分点法，界址点应严格位于两已知点的连线上，且 $|s - (a+b)| \leqslant 10\text{cm}$。

5. 直角坐标法（截距法）

当界址点与两已知点构成直角三角形时，适宜采用垂直线法测定界址点的坐标。

如图 5-4 所示，A、B 为已知点，P 为界址点。BP 与 AB 正交。若丈量了边长 a，则

$$S_{AP} = \sqrt{S_{AB}^2 + a^2}$$

$$\alpha_{AP} = \alpha_{AB} - \text{arctg}\frac{a}{S_{AB}}$$

$$X_P = X_A + S_{AP}\cos\alpha_{AP}$$

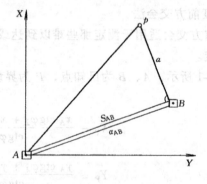

图 5-4

$$Y_P = Y_A + S_{AP}\sin\alpha_{AP}$$

使用垂直线法时，定向边不宜短于推算边，推算边宜小于 10m，尽量用第三方向检查距离，距离较差不大于 15cm。

6. 自由设站法

自由设站法是一种比较方便的测定界址点的方法，在全站型速测仪作业时应用尤多。

如图 5-5 所示，A、B 为已知点，p_1、p_2、p_3、p_4、p_5 为界址点。作业时选择一个能与两个及其以上的已知点和多个界址点保持通视的 0 点作为测站点。在待定测站点 0 上，测出各已知点的距离和水平向值，即可用边角后方交会的方法解算出测站点 0 的坐标和测站定向角。然后便可用极坐标法测定各个界址点的坐标。

界址点的测定还有其他的一些方法，这里不再一一介绍。

对于街坊内部界址点来说，如果确需用支导线方法测定时，总长不超过 100m，图根

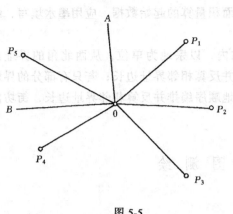

图 5-5

点至界址点不宜超过3条边。仍有困难时,支导线的总长放宽至150m,图根点至界址点的边数放宽至5条。对于这种施测比较困难的界址点,也可以依据已经测定的一类界址点,利用距离交会法、内外分点法或者截距法推算界址点的坐标,一般推算不宜超过两个层次。

（二）观测

观测工作必须在已设置界标物的基础上进行,并按街坊分组观测。界址点测量的基本观测量是角度和距离。

1. 角度

水平角借助于精度不低于 J_6 级的经纬仪观测半测回,定向边宜长于测定边。多于3个方向时,应归零,归零差不大于24″。对中误差不大于3mm。

最好能直接照准界址点的标志,距离很短时,可直接用望远镜上、下侧的粗瞄器照准。对于不能直接照准标志的界址点和控制点,需要用支架悬挂垂球线或者垂直树立细测钎。只有当照准点的距离较远时,才可以以花杆作为照准目标。

2. 距离

（1）光电测距

光电测距时,应进行两次读数,两次读数差不得超过1cm。测距成果中,须加入加常数改正和倾斜改正。倾斜改正所需的垂直角,用经纬仪测半测回。

有些界址点的标志是做在墙上的,若用光电测距仪测定其距离,就存在棱镜中心与界址点点位不一致的问题,需加入改正数。如果标志界址点的墙面与视线垂直,则可直接在距离读数上加上棱镜偏心（通常是从棱镜的中心到后背的距离）。在其他情况下,应由扶尺员随时携带一把小卷尺或三角板,在现场细心测量出实际改正数。

（2）钢卷尺量距

在丈量较短的平坦距离时,钢卷尺量距往往比光电测距还方便。

钢卷尺量距时,丈量两次,读到厘米。第二次丈量时,应改变其起始读数位置,两次丈量差不大于1cm,当尺长改正和倾斜改正大于1cm时应在量距成果中加入其改正数。

（三）记录和计算

界址点的观测成果应按街坊分册记录和计算。坐标计算取至0.01m。有条件时,采用电子手簿或袖珍计算机等手控记录观测成果,打印结果应包括测站点号、已知点号、界址点号、观测值和界址点的坐标值。

对于像极坐标法等几种常用的测定方法,可编制专门的计算程序,这样就很方便了。

（四）利用宗地草图的丈量数据校核解析界址点

反算出所有相邻界址点间的边长,逐一与宗地草图上的丈量边长相比较。一、二类界址边,其差值应分别不超过10cm和15cm。若超过了这个限差值,则应会同权属调查人员赴实地核查解决。

（五）界址点坐标册的编制

界址点坐标册是地籍调查的重要成果，也是面积量算的起始数据，应用墨水填写，编制者、检查者应签名。

若所有的界址点均用解析法测定时，在街坊内，以宗地为单位，从西北角的界址点起，依实地顺序按顺时针方向编排界址点坐标，并反算相邻界址边长；若只有部分的界址点是用解析法测定时，则按街坊外围界址点的实地顺序编排并反算相邻界址边长，街坊内部界址点坐标附在其后。

第二节 地籍图测绘

一、地籍图的基本知识

（一）地籍图的特点

地籍图与地形图有许多共同之处，但差异也是很显著的。

1. 内容

地籍图的内容包括地籍要素和必要的地物要素。必要的地物要素系指与地籍要素有关的一些地物要素。除特殊要求外，地籍图上一般不表示地貌。

地形图的内容包括地物要素和地貌要素。

2. 精度要求

地籍图的精度要比地形图高。

3. 工作量

地籍图较高的精度要求相应地导致了成图作业方法的高要求，故地籍图测绘的工作量远高于地形图测绘，其差别可达到3倍以上。

4. 应用范围

地籍图是专门化的土地管理用图，表现内容是以地籍要素为主，应用范围也主要是地籍管理和土地登记。

地形图的应用范围较宽。

5. 地籍图将成为具有法律效力的技术资料

（二）地籍图的分类

地籍图分为基本地籍图和宗地图两类。而基本地籍图又分为地籍铅笔原图和着墨二底图。

（三）地籍铅笔原图的内容及其图面表示

1. 地籍要素

(1) 各级行政界线

包括省、自治区、直辖市界；自治州、地区、盟、地级市界；县、自治县、旗、县级市及市区内区界；乡、镇、国营农林渔场界、城市街道界、特殊地区界、保护区界。

不同行政界线重合时，表示级高的界线。

(2) 地籍平面控制点

它是测定界址点和进行变更地籍测量的依据，图上应表示其位置、名称、等级和埋石状况。

(3) 界址点和界址线

图上界址点位置应在规定精度内与宗地草图、实地状况相符。界址线应严格位于相应界址点位中心连线上；界址边等于和短于图上 0.8mm 时，不绘界址线；界址边短于图上 0.3mm 时，只表示一个点；界址边长于 0.3mm，短于 0.8mm 时，界址点符号的圆圈重叠部分不绘出。图上应注出解析界址点的点号，连号时可跳注。街坊外围轮廓与其最外层宗地的外侧界址边重合时，巷口用虚线连接，以表示出街坊范围。各类线状地物与界址线重合时，只绘界址线，行政界线与界址线重合时，则行政界线在界址线两侧跳绘。共用宗地应根据宗地草图表示出各自独立使用和共同使用部分的界线。

（4）地籍号、地类号、坐落和土地使用单位

它们均应与地籍调查表一致。每宗地都应注地籍号和地类号，若宗地被图廓线分割时，在相邻图幅内均应将它们注出。地籍号和地类号可压盖建筑物边线，注记不下时，可以注在宗地外适当位置，用指位线表示其所属宗地。

宗地内注出门牌号，毗连门牌号可跳注，字头向西或向北。宗地内还应注出土地使用单位名称，共用宗注出主要使用单位名称。

（5）宗地面积

每宗地都应注出其面积，以平方米为单位，注至 $0.1m^2$。

地籍图式的部分内容如图 5-6 所示。

2. 地物要素

（1）建（构）筑物

永久性房屋应逐幢表示，不注层次和建筑材料性质，房屋位置以墙基角为准。有支撑物的阳台、雨篷或台阶应表示。悬空建筑（如水上房屋、骑楼）按实际轮廓的水平投影位置表示。室外楼梯可综合至房屋内。非商业单位的商店与其他房屋要分开表示。临时性房屋可不表示。

界址线从围墙中线通过时，围墙不表示；界址线从长度 30m 以上的围墙一侧通过时，围墙应表示，通过界址线一侧的围墙边线仍用界址线表示。

（2）道路

道路依比例尺双实线表示。铁路按地形图测绘的要求表示，公路、大车路以路肩线表示，街道以路涯线表示，应注记路、街、巷的名称。内部道路酌情表示。路边行树、检修井不表示。

（3）水系

海岸、河流、湖泊、水库、池塘、沟渠以岸边线表示，桥梁、水系流向、水利工程设施应表示，并应注记水系和桥梁的名称。

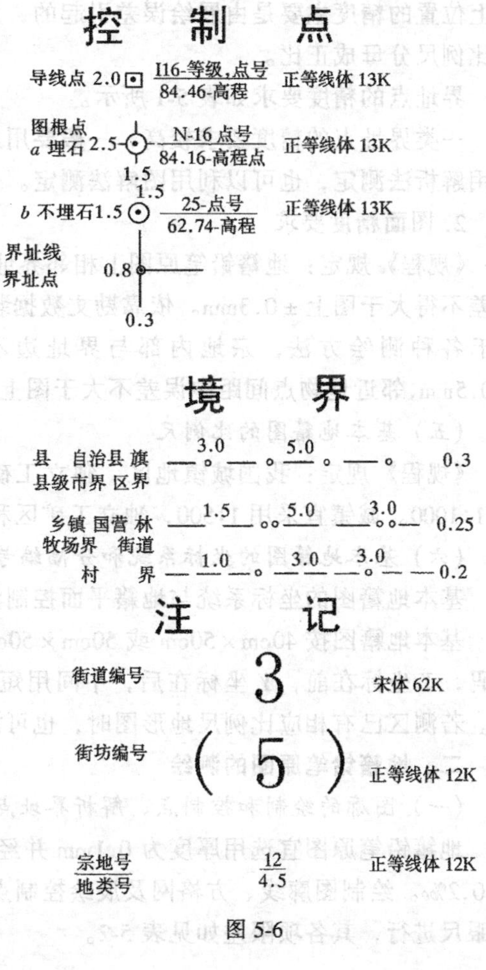

图 5-6

(4) 电力线

电力线不测绘，但有塔位的高压线应表示。

(5) 其他

宗地内部的花圃、树林、假山、水塘等不表示。

地下铁道、隧道、人防工程出入口应表示。

城乡结合部农用地、大面积绿化用地、街心花园等按分类含义绘出地类界，配置少量植被符号即可。

地籍铅笔原图的图面表示应主次分明、清晰易读，在清楚反映地籍要素、必要的建(构)物及其占地状况、土地分类界线的原则下，适当反映其他地物要素。

(四) 地籍铅笔原图的精度要求

地籍铅笔原图的精度包括界址点的测定精度、格网与展绘点位精度、地物点的测定精度和面积量算精度。面积量算精度将在第六章中介绍。

1. 界址点的精度要求

地籍图的精度主要取决界址点的测定精度。

解析界址点是分别由其数值坐标和图上位置决定的。图解界址点的精度就是其图上位置的精度。解析界址点数值坐标的精度只与测量及计算的手段有关，与测图比例尺无关；图上位置的精度主要是由展绘误差引起的，展绘误差的大小又取决于展绘手段，且恒与测图比例尺分母成正比。

界址点的精度要求如表 5-1 所示。

一类界址点的精度要求较高，一般要用解析法测定才能满足其要求。二类界址点可以利用解析法测定，也可以利用图解法测定。

2. 图面精度要求

《规程》规定：地籍铅笔原图上相邻界址点间距、界址点与邻近地物点关系距离的中误差不得大于图上 ± 0.3mm。依靠勘丈数据装绘的上述距离的误差不得大于图上 ± 0.3mm；对于各种测绘方法，宗地内部与界址边不相邻的地物点的点位中误差不大于图上 ± 0.5mm，邻近地物点间距中误差不大于图上 ± 0.4mm。

(五) 基本地籍图的比例尺

《规程》规定：我国城镇地区、独立工矿区和村庄的基本地籍图比例尺一般为 1∶500 或 1∶1000。城镇宜采用 1∶500，独立工矿区和村庄也采用 1∶2000。

(六) 基本地籍图的坐标系统和分幅编号

基本地籍图的坐标系统与地籍平面控制测量相同。

基本地籍图按 40cm×50cm 或 50cm×50cm 分幅；分幅编号按图廓西南坐标（整 10m）编码，X 坐标在前，Y 坐标在后，中间用短线连接；图名宜用图幅内最大宗地的单位名称。若测区已有相应比例尺地形图时，也可沿用规范的地形图的分幅与编号。

二、地籍铅笔原图的测绘

(一) 图廓的绘制和控制点、解析界址点的展绘

地籍铅笔原图宜选用厚度为 0.1mm 并经热定型处理的聚酯薄膜作为底图，变形率小于 0.2‰。绘制图廓线、方格网及展绘控制点、解析界址点时，可采用直角坐标展点仪或方眼尺进行，其各项限差如见表 5-2。

（二）地籍铅笔原图的测绘方法

地籍铅笔原图在现阶段可根据不同情况分别采用解析法、部分解析法和图解法进行测绘。这三种方法的区别在于测定界址点位置所采用的方法不同。图解法仅在暂不具备经济技术条件的个别地区采用。《规程》要求：用部分解析法和图解法建立初始地籍后，都要积极创造条件，逐步用解析法进行更新。

图廓绘制和展点误差的限差　　　　　　　　　　　　表 5-2

项　　目	限差（mm）	
	坐标仪	方眼尺
方格网实际长度与理论长度差	0.15	0.2
图廓对角线长度与理论长度差	0.2	0.3
控制点间的图上长度与坐标反算边长差	0.2	0.3
坐标格网线粗度	0.1	0.1
控制点与解析界址点展点误差	0.1	0.2

1. 解析法

解析法系在地籍控制测量基础上，全部界址点的平面位置均用实测元素按相应公式解算出的坐标确定，并根据地籍控制点和解析界址点的图上位置，利用图解方法测定必要的地物要素的平面位置与宗地草图的丈量数据互为校核后绘制成地籍铅笔原图。

解析法测绘地籍铅笔原图的主要步骤是：

(1) 地籍控制测量，

(2) 利用解析法测定全部界址点的平面位置，

(3) 图廓的绘制、控制点和界址点的展绘，

(4) 对照宗地草图绘出界址线，

(5) 利用图解法测定必要的地物要素。

1) 平板仪法：

对于面积较大或者内部比较复杂的宗地的地物要素，宜采用平板仪法测绘。

根据已知点的分布、测区的地形、仪器器材状况和作业人员等情况，可选用大平板测绘法、经纬仪配合小平板测绘法和光电测距仪或经纬仪测绘（记）法等方法。

应尽量利用地籍控制点作为测站点；测站点对邻近控制点的点位中误差不大于图上 0.3mm；对中误差不大于图上 0.05mm，图板定向边长度不短于图上 6cm，用另一已知点检核时，偏差不大于图上 0.3mm；经纬仪定向方向归零差不大于 4′，检核方向偏差不大于图上 0.2mm。

测定地物时，建成区和平坦地用钢卷尺量距，对于 1:1000、1:2000 比例尺测图可用皮尺量距。街坊外其他区块拐点可用视距法测定距离，1:500、1:1000 和 1:2000 比例尺测图最大视距分别不超过 40m、80m 和 150m。

2) 装绘法

对于面积较小或者内部不太复杂的宗地以及街坊内部设站困难时，宜采用装绘法测绘其地物要素。

装绘法是利用勘丈值（即宗地草图上的界址点与邻近地物的距离、建筑物的周边长度

和根据需要所补充勘丈的数据），参考宗地草图并对照实地从界址点出发图解装绘每一宗地内的地物。装绘是用直尺、三角板、圆规等绘图工具在图纸上把勘丈值按比例缩小后图解出地物点在图上的位置。要尽量利用多余勘丈值对装绘的图形做检查。

如果地物要素也均用解析法测定，称为全解析法，一般采用机助制图方法成图。

2．部分解析法

部分解析法系在地籍控制测量的基础上用解析法测定街坊外围的全部界址点和街坊内部部分明显的界址点；依据控制点、解析界址点的图上位置，用图解方法测定街坊内部其他界址点和必要的地物要素的平面位置，与宗地草图的丈量数据互为校核后绘制地籍铅笔原图。

部分解析法测绘地籍铅笔原图的主要步骤是：

(1) 地籍控制测量；

(2) 利用解析法测定街坊外围界址点和街坊内部部分明显的界址点；

(3) 图廓的绘制和控制点、解析界址点的展绘；

(4) 对照宗地草图绘出解析界址点的界址线；

(5) 利用图解法测定街坊内部其他界址点和地物要素的平面位置。

根据测区的具体情况，可选用平板仪法，也可选用装绘法。或者有些地方采用平板仪法，有些地方采用装绘法。测定界址点时，其距离须用光电测距法测定或钢卷尺量取。

因为部分解析法中的已知坐标的界址点数量少，若采用装绘法，在装绘过程中，图解作业误差会很快积累。为了减少图解作业误差的积累，应注意装绘技巧。如：应从四周的实测点逐渐向中心推进，而不要只从一个方向出发，推向四周；先装绘有控制作用的图形（如建筑物的四角），后装绘细部；先装绘容易处理的点，后装绘难处理的点；尽可能利用多余勘丈值检查装绘质量。

最后应与宗地草图的丈量数据进行校核。

3．图解法

全部界址点和必要的地物要素的平面位置均利用图解法测绘。

(1) 利用相应比例尺的地形图制作地籍图

若测区有符合国家标准或部颁标准的反映现状的地形图，可利用地形图制作地籍图。其主要作业步骤是：

1) 利用地形原图制作二底图。

将测区的地形原图翻印在聚酯薄膜上，得到二底图。二底图的图廓、方格网的误差应符合《规程》的要求。

2) 在二底图上对界址点和必要的地物要素进行修测和补测

对于没有变化的界址点，就直接把它们标在二底图上；如果界址点变化了，要进行修测。对于新增的界址点，要进行补测；另外，还要对必要的地物要素进行修测和补测。

修测和补测应尽量能找出原有埋石点，并进行设站。如果原有埋石点被破坏或者密度满足不了要求，则应按规定重新测设地籍图根控制点。必要时，也可以利用固定的、明显的地物点交会出所需补测的个别地物点。但是，界址点不能用此方法进行补测。

3) 在二底图上绘出界址线并与宗地草图的丈量数据进行校核。

如果超限，应到实地上去检查。若宗地草图的丈量数据正确，就根据实地的地形，对二底图上的有关内容进行修正。

4）透绘

先把展有图廓线和方格网的新薄膜图纸覆盖在二底图上，以方格网为准，仔细套合好。再将地籍图所需要的内容透绘上来。

（2）利用平板仪法直接测绘地籍铅笔原图

在地籍平面控制测量的基础上，用平板仪测定界址点和必要的地物要素的平面位置，与宗地草图的丈量数据互相校核调整后，绘制成地籍铅笔原图。其方法与主要步骤与解析法、部分解析法中相应的内容相同。

（三）地籍铅笔原图的图边拼接

1. 方法

如果地籍图是用计算机系统绘制的，应该不存在图边拼边的要求。如果是用手工绘制的，则无论是用哪种方法测绘的，均需进行图幅之间的拼接。

解析界址线跨越相邻图幅时，应计算其在内图廓线上的交点坐标，并按界址点的要求分别在相邻图幅上展绘这个点，以保证相邻图幅的严格拼接；部分解析法成图的街坊跨越图幅时，最好将该街坊的全部外围解析界址点展绘在其中占有该街坊面积较多的一幅图上，然后在这幅图上进行内部界址点的装绘作业，并将图廓外的装绘结果蒙到相邻图幅上；图解的非地籍要素的拼接方法与地形测量相同。

2. 要求

跨幅的界址边和界址点至邻近地物点的图上距离与勘丈边长较差不大于图上 0.3mm，同一界址线拼接后应为直线；地物接边差小于图上 1.4mm 可平均配赋，并保持地物、界址间的正确相关位置和走向。

三、着墨二底图的绘制

地籍铅笔原图测完后，可在铅笔原图上进行面积量算和分类统计工作，然后便可蒙绘二底图。除不注解析点点号和面积外，着墨二底图的内容与地籍铅笔原图相同。

着墨二底图以单色着墨绘制。图廓、方格网、地籍平面控制点和解析界址点须展绘，图解界址点和其他要素采用蒙绘，蒙绘的要素以不偏离底线为原则。注记可采用剪贴透明注记、铅字盖印或手工注记。

四、宗地图绘制

宗地图是土地证书和宗地档案的附图。其内容包括本宗地的地籍号、地类号、宗地面积、界址点及其编号、界址线及界址边长勘丈值、宗地内必要的建筑物和构筑物；邻宗地的地籍号、相邻宗地间的界址线；宗地所在图幅号、指北线、比例尺、绘图员、审校员、日期。共用宗地还应绘注各自使用和共同使用部分的界线和尺寸。

宗地图一般用 32 开、16 开、8 开纸，从基本地籍图上蒙绘或复制。宗地过大或过小时，可调整比例尺绘制。

第三节 野外数据采集机助制图

一、数字地籍测量概述

数字地籍测量是解析法中的一种，它是借助计算机以数字形式对地籍有关信息进行采集、存贮、处理和管理，最后自动输出各种地籍要素、各种地籍管理表册和不同用途的地籍图。

数字地籍测量是一个融地籍测量外业、内业于一体的综合性测绘系统。该系统由一系列的硬件和软件组成。硬件主要有：用于野外数据采集的测量仪器设备；用于室内数据采集的数字化仪；用于数据处理、存贮和管理的微机；用于数据、图形输出的打印机、数控绘图仪。软件主要有：控制测量程序；数据采集与传输程序；图形编辑软件；数据处理与管理程序；面积计算程序；绘图程序等。

数字地籍测量是一种先进的地籍测量技术，其主要优点是精度高，便于地界的更新与恢复，避免因图纸伸缩所带来的各种误差，能以各种形式输出地籍资料，是建立多用途地籍信息系统和自动化管理系统的基础。

本节主要介绍野外数据采集机助制图的一般过程以及野外数据采集所涉及的有关问题。

二、野外数据采集机助制图的一般过程

（一）野外数据采集

利用测量仪器设备进行野外观测，并将所获取的观测值（水平角、天顶距和距离等）和编码自动或人工输入到固体存贮器（如磁卡、电子手簿、袖珍计算机等）中。同时绘制野外观测草图。

（二）数据处理

通过接口将所采集的数据传输到电子计算机中。这些数据须进行加工处理，才能成为可用的数字文件。数据处理包括坐标变换和消除系统误差、生成界址点和地物的绘图数据文件、直角化处理。

（三）对照野外观测草图进行图形编辑

（四）利用应用软件和输出软件打印各种地籍资料

三、野外数据采集

野外数据采集一般需要三至四人，其中一人观测，一人记录和绘制野外观测草图，一人或两人立镜。

（一）测量仪器设备

目前，野外数据采集的测量仪器设备主要有两种配置，即全自动化配置和半自动配置。

1. 全自动化配置

主要的测量仪器设备有：全站型电子速测仪或者电子经纬仪配合光电测距仪，记录磁卡或者电子手簿，单杆棱镜。

这种配置具有速度快、精度高等优点，但设备价格昂贵。

2. 半自动配置

主要的测量仪器设备有：光学经纬仪，光电测距仪（也可用钢尺和皮尺代替），电子手簿或袖珍计算机（如 PC-1500、PC-E500 等），单杆棱镜。

这种配置的测量仪器设备在一般测量单位中较普及，故在野外数据采集中得到了广泛的应用。

（二）野外观测

若采用全自动化配置的测量仪器设备，一般是利用极坐标法或自由设站法测定细部点的平面位置。观测员只需照准观测目标，观测值就可自动显示、记录、计算和存贮。若采用半自动配置的测量仪器设备，需要通过人工按键将观测值输入到固体存贮器中。

（三）输入编码

在野外数据采集中，除了要输入观测值外，还要输入反映细部点特征的编码。各种系统的编码方案有很大差别，编码的输入方法也各不相同。综合而言，编码的输入主要有三种方式。

1. 野外输入细部点的全部特征的编码

因为反映细部点全部特征的编码的位数较多，所以外业工作量大，外业人员负担重。

2. 野外不输入编码

为了减轻外业人员的负担，野外不输入编码，而绘制详细的野外观测草图。内业根据所绘制的详细的野外观测草图，再输入细部点全部特征的编码。

3. 野外输入细部点部分特征的编码

为了减少野外输入编码的工作量，在野外只输入细部点部分特征的编码，而绘制简易的野外观测草图。内业根据所绘制的简易的野外观测草图，再输入反映细部点其他特征的编码。

（四）绘制野外观测草图

绝大部分野外数据采集机助制图系统都需要绘制野外观测草图。

野外观测草图的内容为细部点的序号、分类号、要素号、连接关系和连接线型等。

野外观测草图的作用是引导野外数据采集顺利进行，保证点的编码正确输入；为图形编辑提供参考依据。

草图的比例尺以与所测的地籍图的比例尺一致为宜。一般是利用测区的地形图或航片影象图作为工作底图。作业时，一边进行野外观测，一边在工作底图上绘制。对于新增地物，应根据实地上的情况随手补绘。

四、细部点的编码

（一）编码的意义

编码，也有称为类码或代码的，其含义严格讲是有区别的。对于比较复杂的研究对象，既要考虑它们之间的纵向联系，又要考虑它们之间的横向联系，一般采用码位较长的编码；对于比较简单的研究对象，往往只需要考虑它们之间的单一联系，一般是采用码位短些的类码；而对于比较特殊的研究对象，往往就给它特殊的、码位很少的代码。在数字地籍测量中，考虑到编码、类码和代码的作用都是为了有效地组织数据和利用数据，因此把它们统称为编码。

细部点的编码是野外采集数据时的一个非常重要的问题。若在野外仅仅只采集细部点的观测值，而对所测的细部点不加任何属性及几何相关性的说明，那么这些点则都是一些孤立点，在加工和处理野外所采集的数据时，计算机就不能对其进行识别，当然也就不可能达到机助制图的目的。因此，在将观测值输入到电子手簿、记录磁卡或袖珍计算机的同时，应给每个细部点赋予一个属性及几何相关性说明，即输入细部点的编码。

（二）编码的方法

目前，我国还没有一个统一的编码方案。有不少单位已根据自己设计的数据结构（图形结构）制定出各自的编码方法。众多的编码方法归结起来，主要有三个类型，即全要素编码、提示性编码和块结构编码。

1. 全要素编码

全要素编码适用于计算机自动处理采集的数据。编码时要求对每个细部点都要进行详细的说明。即每个编码都能惟一地、确切地标识出该细部点。全要素编码通常是由若干位十进制数字组成，有的还带有"±"符号。

如某细部点的编码为 20110304，它是将细部点按五个层次进行编码的。左边的第一位是地物分类号，2 表示居民地（1 表示测量控制点，3 表示独立地物，4 表示道路，……）；第二、三位是地物次分类号，01 表示一般房屋（02 表示简单房屋，03 表示特种房屋，……）；第四位是要素号，1 表示线状地物左侧点（0 表示无特征说明，2 表示线状地物右侧点，3 表示界址点，……）；第五、六位是测区内同类地物的类序号，03 表示测区内第 3 幢房屋；第七、八位是同一地物中细部点连接序号，04 表示第 3 幢房屋中的第 4 个点。

全要素编码的优点是各点编码具有惟一性，易识别，适宜计算机自动处理。缺点是层次多、码位多，难以记忆；当编码输入错漏时，在计算机的加工处理中不便于人工干预；同一地物不按顺序观测时，编码相当困难。

2. 提示性编码

提示性编码用于作业员对计算机屏幕进行图形编辑时，起提示作用。它也是由若干位十进制数字组成。

如某细部点的编号为 21，它是将细部点按两个层次编码。十位上的数字是地物分类号，2 表示居民地。个位上的数字表示几何相关性，1 表示与前点（按数据采集时的点号序列）连接，2 表示与前点不连接，3 表示孤立点，……。

由于这种编码提供的信息很不齐全，在显示屏幕上只能形成提示图形，所以要得到与实地相一致的图形，还需要对照野外观测草图在交互式图形编辑时完成。

提示性编码的优点是编码形式简明，野外工作量小；编码随意性大，可容许缺省（指赋与 0）；提供了人机对话式图形编辑方式，生成的图形便于更新。缺点是提示图形很不详细，必须在野外绘制较细的观测草图；预处理工作和图形编辑工作量太大；当实际图形是曲线时，必须增加许多外业细部点，否则曲线就连成了直线。

3. 块结构编码

块结构编码方式适用于计算机自动采集的数据。这种方法是在每一个细部点的记录中，除了有观测值外，同时还要有点号、编码、连接点和连接线型四种信息。其中点号既表示细部点的序号，又表示测量的先后次序；编码一般用三位数表示，左边的第一位是地物分类号，第二、三位是地物次分类号；连接点是记录实地上与该细部点相连接的相邻细

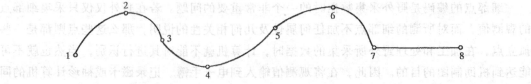

图 5-7

部点的点号;连接线型是记录该细部点与连接点之间的线型,如 1 表示直线,2 表示曲线,3 表示弧线。在外业记录时,将编码相同、连续观测的、点间连接线型相同的细部点记录在同一块中。

现假设测量如图 5-7 所示的一条道路(公路的边线),编码为 402(4 表示道路,02 表示公路)。

其记录格式如表 5-3 所示。

块结构编码记录格式　　　　　　　　　　　　　表 5-3

点 号	编 码	连接点	连接线型
1	402	1	
2	402		
3	402		
4	402		2
5	402	5	
6	402		
7	402	-4	-2
8	402	5	1

连接点号一般在本记录块的第一行输入。若第一行所记录的点为起点或其相邻点还没观测,则连接点号即为本点点号,如表 5-3 中的 1、5 点。若本记录块最后一行所记录的点既与其上一行所记录的点相连,又与已观测过的前面记录块中的点相连,则应输入连接点号,其连接点号为已观测过的前面记录块中那个点的点号,且为负号。如表 5-3 中的 7 点。

连接线型只在本记录块的最后一行输入,若本记录块点的连接顺序要倒过来,则连接线型为负数,如表 5-3 中的 5、6、7 点。

块结构编码的主要优点是野外输入工作量小,作业简便;跑尺随意性大,记录灵活方便;不需绘制详细的野外观测草图;记录中设计了连接点号这一栏,较好的解决了断点的连接问题。

思 考 题

1. 测定界址的主要方法,其适用范围是什么?
2. 地籍图的精度主要指什么?有何规定?
3. 为什么说地籍图具有国家基本图的特性?
4. 地籍要素包括哪些内容?
5. 什么是二底图?

第六章 面积量算

面积量算是地籍调查的重要内容，宗地面积是土地管理的七大基本要素（土地使用者、土地坐落、四至、权属性质、土地面积、土地用途等）之一。宗地面积经审核批准依法登记后具有法律效应，它为掌握土地权属分布的数量及土地利用现状提供了准确的数据。

城镇地籍调查中的面积量算与土地利用现状调查中的面积量算要求有所不同，前者面积量算精度要求高，同时对量算结果提出了较为严格的检核要求，从《城镇地籍调查规程》中对面积计算误差的限制可以充分体现。

面积量算的方法应与地籍图的勘丈方法相对应，可分为解析法、部分解析法与图解法。具体量算方法有坐标法、几何图形法、格网法和求积仪法等。量算面积时，根据不同的精度要求，可单独使用某种方法，也可综合多种方法计算宗地面积。

面积量算后，除以街坊为单位进行宗地面积汇总外，同时需以镇或街道为单位进行城镇土地分类面积统计。面积计算单位为平方米，取至小数点后一位。共用宗内，各自使用的土地有明显范围的，先划分各自使用的界线，并计算其面积，剩余部分可按建筑面积、分摊协议等方法进行分摊。量算的面积数据，不仅要记载在地籍调查登记表上，而且还要注记在地籍原因的相应位置上。

第一节 面积量算的要求与准备工作

一、面积量算的要求

为了检核面积量算和统计的正确性，提高面积量算的精度，面积量算时须按"从整体到局部、分级量算、块块检核、逐级控制"的原则。

土地面积的有限性是土地的特点之一，只要外围界线固定不变，土地面积就是一个定值。基于这一特点，土地面积量算误差的控制是通过逐级控制和分级量算来实现的。分级量算是指从高层次（大范围）到低层次（小范围）逐级进行。低层次总是在高一层次的控制下量算和平差。逐级控制是指每相邻两级之间，分量之和与总量之差额应在规定限差允许范围内来控制。只有在控制允许范围内才可平差，平差后的面积又可对下一级面积量算起控制作用。

在面积计算过程中，以基本控制范围总面积作为最可靠的面积值。基本控制可以有两种：

1. 由坐标解析法计算面积，其精度高，可作为面积的基本控制。目前这种方法使用较为广泛。

2. 以公里格网为基本控制范围，由于地籍图上公里格网的精度很高，公里格网的面积是固定的。规程规定图廓线的理论长度与实际长度的差应小于±0.2mm。因此，规定以图幅理论面积作为第一面积控制是完全可以的。

当采用解析法或部分解析法进行地籍勘丈时，先由解析法求出街坊面积，然后用街坊面积值控制本街坊内各宗地的面积与其他区块的面积，若前后两者之差满足限差要求，可将差值赋给街坊内最大的其他区块面积上，街坊内宗地面积可不参与平差，若无其他区块，可将差值按比例分配到各宗地面积上。边长丈量数据可以不改。

当采用图解法进行地籍勘丈时，要求在聚酯薄膜原图上算街坊面积，图面量算一般以图幅理论面积为基本控制，图幅内各街坊及街坊外其他区块面积之和与图幅理论面积之差小于 $\pm 0.025P$（P 为图幅理论面积，单位为平方米）时，将闭合差按比例配赋给各街坊及其他区块的面积上，得出平差后的各街坊及其他区块面积。

图面上宗地的面积量算应在地籍原图上进行，两次量算的较差 ΔP 应小于 $\pm 0.0003M\sqrt{P}$（P 为量算面积，M 为地籍图比例尺分母），凡地块面积小于图上 $5cm^2$ 时，不宜采用求积仪量算。根据平差后的街坊面积，进一步控制地籍原图上街坊内各宗地面积及其他区块，若其总面积与街坊面积的较差符合规程要求，则将闭合差合理地配赋到各宗地及其他区块的面积上，但应注意图解法时用实丈数据计算的规则图形的宗地面积不参加平差。

二、准备工作

运用资料的正确性和完整性是保证面积量算工作正常进行的基础，因此资料必须经过严格检查验收，确认无误后方能使用。量算前应准备好下列资料：基本地籍图分幅表；基本地籍图铅笔原图；解析界址点坐标成果表及其计算和记录手簿；地籍调查表；二底图的蓝晒图或原图的宗地透写图等。

地籍原图上地籍要素必须齐全，并能满足土地分类面积统计要求。

界址点位置与地籍图的勘丈数据正确，精度合乎要求，底图变形率符合《规程》要求。界址点成果表摘录的界址点坐标、点号、点序展绘均应正确。

地籍图的内容取舍恰当，图面清晰易读，原图平整。

地籍调查表内的宗地草图的勘丈数据应符合《规程》的精度要求，填写的项目字迹清楚，内容齐全。

拟定量算计划时应确定量算面积的方法，在地籍分幅图表上标出量算计划的进度。在二底图的蓝晒图或原图的宗地透写图上标出行政界线。对街坊外或街坊内无地类注记的其他区块应予先划界，并给临时区域一个编号，临时编号不应与正式的街坊、宗地编号重复或混淆。

第二节　用解析坐标计算区块面积的方法

如图 6-1 所示，已知各折点 1、2、3、4 及 5 的相应坐标为 X_1、Y_1，……，X_5、Y_5，该区块的面积可按下述方法计算。

先计算各直线在 Y（或 X 轴）轴上的投影线所形成的梯形面积，然后取各梯形面积的代数和便可计算出该区块的面积。于是有：

$$\text{面积}_{12345} = \text{面积}_{122'1'} + \text{面积}_{233'2'} + \text{面积}_{344'3'} - \text{面积}_{44'5'5} - \text{面积}_{55'1'1}$$

即

$$P = \frac{1}{2}(X_1 + X_2)(Y_2 - Y_1) + \frac{1}{2}(X_2 + X_3)(Y_3 - Y_2)$$
$$+ \frac{1}{2}(X_3 + X_4)(Y_4 - Y_3) - \frac{1}{2}(X_4 + X_5)(Y_4 - Y_5) \quad (6\text{-}1)$$
$$- \frac{1}{2}(X_5 + X_1)(Y_5 - Y_1)$$

展开上式得

$$2P = (X_1 Y_2 - X_2 Y_1)$$
$$+ (X_2 Y_3 - X_3 Y_2)$$
$$+ (X_3 Y_4 - X_4 Y_3) \quad (6\text{-}2)$$
$$+ (X_4 Y_5 - X_5 Y_4)$$
$$+ (X_5 Y_1 - X_1 Y_5)$$

也可写成

$$2P = X_1(Y_2 - Y_5)$$
$$+ X_2(Y_3 - Y_1)$$
$$+ X_3(Y_4 - Y_2) \quad (6\text{-}3)$$
$$+ X_4(Y_5 - Y_3)$$
$$+ X_5(Y_1 - Y_4)$$

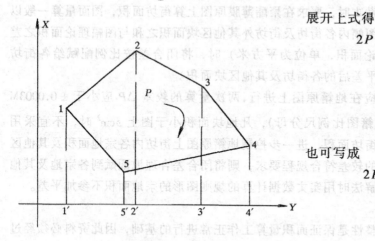

图 6-1 根据坐标计算面积

设由 n 个界址点组成的多边形，并按顺时针编号，令 k 为 n 边形中任一角点的编号，则式（6-20）可变为

$$2P = \sum_{k=1}^{n}(X_k Y_{k+1} - X_{k+1} Y_k) \quad (6\text{-}4)$$

同理式（6-1）及式（6-3）也可写为 n 边形的一般形式

$$2P = \sum_{k=1}^{n}(X_k + X_{k+1})(Y_{k+1} - Y_k) \quad (6\text{-}5)$$

$$2P = \sum_{k=1}^{n} X_k(Y_{k+1} - Y_{k-1}) \quad (6\text{-}6)$$

此外，还可变换成以下公式

$$2P = \sum_{k=1}^{n} Y_k(X_{k-1} - X_{k+1}) \quad (6\text{-}7)$$

$$2P = \sum_{k=1}^{n}(Y_k + Y_{k+1})(X_{k+1} - X_k) \quad (6\text{-}8)$$

在面积计算时，应选用两个公式（其中一式以 X 坐标轴为投影轴，一式以 Y 坐标轴为投影轴）平行计算相互核对。

计算时，当 $k=1$ 时，取 $k-1=n$，而当 $k=n$ 时，取 $k+1=1$。观测和计算时的点号不要混淆，若点号按逆时针编号，同样也可计算面积，只是所得结果符号相反，它们的绝对值均为多边形面积。

第三节 几何图形计算法

几何图形计算法是将需要计算面积的图形分割成若干便于量算的简单图形、如三角形、四边形、梯形等。几何图形的边长可以实地勘丈，角度也可实测，若从图上量取，则计算宗地面积的精度将大大降低。

一、三角形面积计算

已知三角形两边的边长 a、b，其夹角为 $\angle C$，则面积 P 为

$$P = \frac{1}{2} a \times b \times \sin C \tag{6-9}$$

若已知三角形一边长为 a，两邻角为 $\angle B$、$\angle C$，则面积 P 为

$$P = a^2 / 2(\cos B + \cot C) \tag{6-10}$$

若已知三角形的三条边长分别为 a、b、c，则面积为

$$P = \sqrt{s(s-a)(s-b)(s-c)} \tag{6-11}$$

$$S = \frac{1}{2}(a+b+c)$$

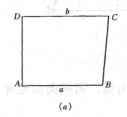
(a)

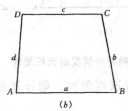
(b)

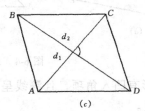
(c)

图 6-2 按几何图形计算面积

二、四边形面积

在图 6-2（a）中，已知 a、b、$\angle A$、$\angle B$，则

$$P = \frac{a^2 - b^2}{2(\cot A + \cot B)} \tag{6-12}$$

如图 6-2（b），已知 a、b、c、d、$\angle B$、$\angle D$，则

$$P = \frac{1}{2}(ab \sin B + cd \sin D) \tag{6-13}$$

如图中 6-2（c），已知 d_1、d_2、φ，则面积

$$P = \frac{1}{2} d_1 \times d_2 \sin \varphi \tag{6-14}$$

三、不规则图形面积量算

对于不规则图形（图 6-3），可采用支距法，图中 Bb、Cc、Dd… 为支距，若测量得支距与纵距 Ab、bc、cd… 后，再按三角形、梯形公式分别计算面积，其和即为所求区块

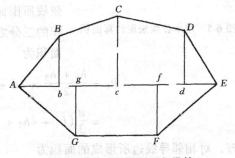

图 6-3 不规则图形面积量算

面积。

计算通式为各梯形面积 = $\frac{1}{2}$（测线两端支距之和 × 纵距）。若测线点一支距为零时，则为三角形。

注意下列两种情况：

1. 界线中有一段与纵轴相交时，则以两距之差与纵距乘积的一半为其面积。如图 6-4（a），DE 与纵轴相交于 M，则

$$面积 fdEDFf = \frac{1}{2}\{(Dd - Ee) \times de + (eE + fF) \times ef\}$$
$$= \triangle Dde - \triangle Eed + eEFf$$

由图 6-4（a）可知，$\triangle DMe = \triangle dME$，对所求面积而言，$\triangle Dde$ 面积含有多加面积 $\triangle DMe$，但在梯形 $eFFf$ 中，多减了面积 $\triangle dME$，正好抵消。

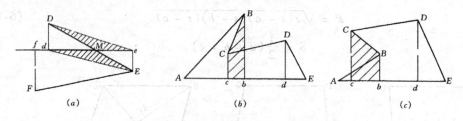

图 6-4 几种特殊情况的面积量算

2. 多边形有凹入角项，且测线呈折返现象时，则计算面积为负，测线向前延伸时，计算面积为正。

在图 6-4（b）及图 6-4（c）中

$$面积\ ABCDEA = \triangle ABb - BbcC + CcdD + \triangle DdE$$
$$面积\ ABCDEA = \triangle ABb - BbcC + CcdD + \triangle DdE$$

四、等间隔支距法：辛普森三分之一法则

在图 6-5 中，设 AB 为导线的一部分，DFC 为弯曲边界的一部分并设其形状为抛物线，将 AB 间隔 d 划分，h_1、h_2、h_3 为从基线边到边界三条相邻边的支距。

基线边和曲线之间的面积可认为是梯形 ABCD 的面积与抛物线 DFC 和相应弦线 DC 之间面积之和。抛物线与弦线所围面积（如 DFC）等于闭合四边形（CDEFG）面积的三分之二。那么，边长为 2d 的基线与曲线边之间的面积为

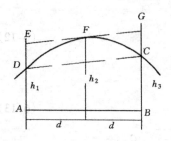

图 6-5 用辛普森法则计算面积

$$P_1 = \frac{h_1 + h_3}{2} \times 2d + \left(h_2 - \frac{h_1 + h_3}{2}\right) \times 2d \frac{2}{3}$$
$$= \frac{d}{3}(h_1 + 4h_2 + h_3)$$

同理，对相邻导线边所形成的面积为

$$P_2 = \frac{d}{3}(h_3 + 4h_4 + h_5)$$

设支距数为奇数 n，则 $n-1$ 个间隔所形成的总面积为

$$P = \frac{d}{3}\{h_1 + 2(h_3 + h_5 + \cdots + h_{n-2}) + 4(h_2 + h_4 + \cdots + h_{n-1})\} \tag{6-15}$$

于是可以写出当 n 为奇数时辛普森三分之一法则：两端支距之和加上奇数中间支距之和的两倍与偶数中间支距之和的四倍，再乘以三分之一支距间隔，即为所求面积。

如果总的支距数为偶数，可以从任一支距端点开始先单独计算一局部间隔的面积，从而使剩余部分面积的支距数 n 为奇数，以便应用辛普森法则进行计算。

辛普森法则计算面积的精度取决于边界曲线是凸还是凹向基线边，当不规则边界是一条具有某些相反弯曲的曲线时，则可起到一些补偿作用。

应用辛普森三分之一法则，须在野外按等间隔丈量支距。当基线边所取间隔不等时，可采用梯形公式计算区块的面积。

第四节 膜 片 法

膜片法是图解量算面积的常用方法。所谓图解量取面积，即是利用地籍图来测算所要测算的面积。因此，从原始数据取得的途径来看，它属于一种间接的量算面积的方法。除膜片法外，还有利用求积仪量算面积等方法。

膜片法又可分为格网法和格点法两种。

一、格网法

格网法又称方格法（图 6-6），是利用绘有边长为 1mm 或 2mm 的正方形格网的透明膜片，蒙在被量测的图形上，数出图形范围内整方格数，从而计算出图形面积。

首先应确定每个小方格代表的实地面积，设最小格的边长为 S（以 m² 为单位），M 为地籍图比例尺分母，则最小格代表的实地面积 C（以 m² 为单位）为

$$C = (S \times m)^2 \tag{6-16}$$

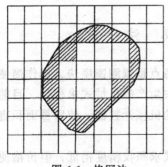

图 6-6 格网法

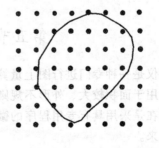

图 6-7 格点法

表 6-1 列出了几种常用比例尺的方格面积换算结果。

然后将膜片蒙在待量测面积的底图上，调整膜片，使四周不完整的方格尽可能减少些。将不完整的破碎毫米格（破格）折合成整格数总加起来，即为图形面积所含小方格数。估读破格时可估读到 0.1 格（0.1mm²）。为提高量算精度，每个图形应蒙图和量测两

次，第二次应膜片转换方向。两次量算结果之差若在允许限差内，则可取平均格数值 n 并按式（6-17）计算面积。

方格面积换算法　　　　　　　　　　表 6-1

比例尺 方格尺寸	1:500		1:1000		1:2000		1:5000		1:10000	
实地面积	m^2	亩	m^2	亩	m^2	亩	m^2	亩	m^2	亩
$1mm^2$	0.25	0.0004	1	0.0015	4	0.006	25	0.0375	100	0.15
$4mm^2$	1	0.0015	4	0.006	16	0.024	100	0.15	400	0.6
$1cm^2$	25	0.0375	100	0.15	400	0.6	2500	3.75	10000	15.0

$$P = n \times C \tag{6-17}$$

式中　P 为图形实地面积。

二、格点法

格点法又称网板法，它是将上述格网法中方格网的每个交点绘成直径为 0.1mm 或 0.2mm 的圆点（图 6-7）。这种方法是通过查点数的方法，并应用格点多边形面积公式求算。

首先要确定膜片上网点板的单点面积 C（m^2），它与点距 H（mm）及图形比例尺有关，即

$$C = \frac{H^2 \times m^2}{1000^2} \tag{6-18}$$

然后将膜片蒙在地籍图上，调整膜片，先清点在图形界线范围内的整点数 n，再清点与图形界线重合（或相切）的点数 m，并按下式计算图形面积 P

$$P = \left(n + \frac{m}{2} - 1\right) \times C \tag{6-19}$$

为提高精度，防止清点中的差错，每个图形至少要量算两次。第二次量算时，应使膜片旋转一个角度，两次量算结果之较差在允许范围以内，取其平均值。

第五节　求积仪法

求积仪是一种专门进行图上量算面积的工具。其特点是量测速度快，操作简便，便于携带。适用于面积较大、外形不规则图形的量算。过去生产的机械式求积仪，目前已很少使用，现在是采用具有专用程序的微处理器代替传统的机械计数器，使所量面积直接用数字显示出来。

求积仪按其结构，分有极式和无极式两种。无极式求积仪精度稍低，但价格便宜且便于使用。按其测定精度划分，以其最小读数 1 格所对应的图上面积，分为 A 级（$1mm^2$）、B 级（$2 \sim 5mm^2$）、C 级（$5 \sim 10mm^2$）。

一、极式求积仪与无极式求积仪

极式求积仪如图 6-8 所示。它由两根臂，即极臂和测杆，并由绞结点（hinge）结合在一起，能够自由回旋，极臂的另一端是极点，测杆的另一端是测针，目前多用一带有圆点

的放大镜代替测针。绞结点处有测轮与图面接触。当测针（或放大镜）沿所测图形的外周移动，测轮在图面上转动的同时给出和面积相当的格数，这时绞结点运动的轨迹，是以极针为中心的圆。

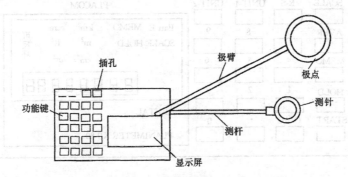

图 6-8 极式求积仪

由于上述构造上的制约，测定面积的最大可能范围限定在极臂和测杆拉成一直线时，测针绕极臂旋转所画圆的内部。

无极式求积仪如图 6-9 所示，这种求积仪只有一臂，即测杆，在其两端装有铰结点和测针，铰结点的两端只做直线运动，所以又称直线式求积仪无极式求积仪为使铰结点作直线运动，采用了两个相互平行而又能独立运动的滚轮组成的回转体，因此又叫做滚轮求积仪，它使用了两条互相平行的轨道。无极式求积仪可能测定面积的范围是铰结点和测针间距离的两倍宽的带状区域。实际上当回转体和测杆平行时，测针走动时回转体做平滑运动，此时便产生无效动作，因此无极式求积仪可以在很狭小的范围内使用。

无论是极式还是无极式求积仪，其测杆长度均有固定与可变两种，前者称单式求积仪，后者称复式求积仪。复式求积仪测杆上刻有许多指标，标出比例尺，使用时根据量算图形的方便选择测杆长度。测轮一格相应的面积称单位面积或称求积仪系数。以极点为圆心、极臂为半径所作的圆称为零圆或基准点，这些数值都刻记在测杆上或仪器箱内的附表中，也可用检定的方法测定它们。

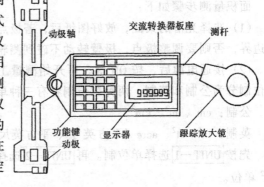

图 6-9 无极式求积仪

二、KP—80 数字式求积仪（极式求积仪）的使用

该仪器的测量范围；当极点在图形外时，一次可测定直径 300mm 范围，极点在图形内时，一次可测定直径 800mm 的范围。采用内装式镍——镉充电池作电源，并配有专用的 AC 接合器进行充电。每充电一次（约 15 时）可连续使用 30 小时。当电压不足时，显示屏上将显示 Batt－E 符号。求积仪采用八位液晶显示器，可显示 13 个符号和 8 位数字。当测定面积超过 8 位时，能自动进到高位单位去。求积仪键盘如图 6-10 所示。ON：开机；OFF：关机；C/AC：清除键；0～9、·：数字键和小数点键；UNIT1：单位选择

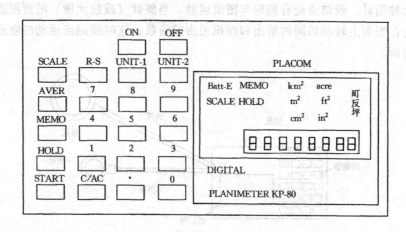

图 6-10 KP-80 求积仪键盘

键。UNIT2：系统内部面积单位选择键。其中 PC 为指标脉冲计数，不显示单位。SCALE 为比例尺键，先用数字键设定比例尺分母。再按下此键。R—S 为缩尺有效键，设定比例尺后，按下此键，显示出比例尺分母的平方值。START 为启动键，按此键，蜂鸣器发出轻微响声，显示窗显示"0"，表示可以开始测量。在平均值测量中，此键作为再启动键用。HOLD 为保持键，按此键，显示"HOLD"，使测量结果保持 3 分钟，便于累加测量，再按此键，"HOLD"消失，暂时保存被消除，可进行下面测量。MEMO：存储键，用于将每次测量结果存入内贮存器内。按一次此键，存入一次测量数据。AVER：平均值键，按此键可求得内存各次测量值的平均值。

面积量测步骤如下：

(1) 选择光滑的桌面，放好图纸后，若极点在图形之外，要使测针足以灵活转动到全部边界，否则要调整极点，极臂转动不碰到测轮的最大角度约为 128°。

(2) 接通电源后，按 ON 键，可开始测量工作。量测前应选择面积的单位制和单位。单位制分为公制和英制，两种单位制各有三种单位：

公制：cm^2、m^2、km^2

英制：in^2、ft^2、acre（平方英寸^2、平方英尺^2、英亩）

先按 UNIT—1 选择单位制。再 UNIT—2 选择单位。每次关机后再开机，总是设在公制 cm^2 单位。

KP-80 求积仪操作示例　　　　　　　　　　　　　　　　　　　　表 6-2

操　　作	显　　示	说　　明
1 0 0	cm^2　100	用数字键设置比例尺分母
SCALE	SCALE cm^2　0	设置比例尺
R—S	SCALE cm^2　10000	确认比例尺设置的正确性，显示 x^2
START	SCALE cm^2　0	进入测量状态

(3) 设置比例尺分缩小比例尺安置、放大比例尺安置、纵向和横向比例尺安置三种情况。现以缩小比例尺 $1:x$ 的安置操作（如比例尺为 1:100，并以厘米为单位）。

(4) 要量测图形上标定起点，将测针对准起点，按 START 键，使计数器归零，若显示不为 0，可按 C/AC 键。测针沿图形边线顺时针均匀移动直至回到起点，此时显示窗显示脉冲计数。1 个脉冲代表 $0.1 cm^2$（比例尺 1:1），最大脉冲数为 999999，相应于比例尺 1:1 时的面积为 $99999.9 cm^2$。但在按 HOLD 键、MEMO 键或 AVER 键时，可使显示的脉冲数转变为面积值，显示 8 位数，其最后三位为小数。

(5) 图形过大时，可分块量测求得总面积。在选定面积单位及设置比例尺后，先按 START 键，显示"0"后开始量测，量测完毕显示脉冲数，按 HOLD 键转变为面积值。再量第二块图时。按 HOLD 键得两图形的累计面积值。如此继续，可得若干图形的总面积值。

(6) 为了提高量测精度，有时需作重复测量，微处理能将多次量测结果存储起来，最后取中数显示出来。操作方法按 START 键，移动测针进行第一次量测，结束后，按 MEMO 键显示面积值并保存于内存中。再按 START 键进行第二次量测。如此重复直至预定次数，最后按一次，当已按 START 键显示平均数。要注意每次开始时按 START 结束后按 MEMO 键，且只能按一次，当已按 START 后显示窗仍未归零，此时只能按 C/AC 键使归零，若再按 START 键会使已测数据丢失。重复的次数不能超过 10 次。

三、求积仪常数

根据求积仪的原理，求积仪所得面积与测杆长度、测轮直径以及测轮转数有关，如果测杆长度或测轮滚动不规则，以及电子转换装置不完善，将给面积带来系数误差，因此量测前应测定求积仪常数，测定时使求积仪对一已知面积的图形（如圆、正方形、矩形）进行多次读数，则常数可理解为一单位面积 C，C 值为

$$C = \frac{已知面积}{测轮读数的平均值}$$

如果计算的 C 值与 1 脉冲所代表的理论面积不符，则应对所量面积进行改正，如量测面积与已知面积的差数小于测精度 $\pm 2 \times 10^{-4} X$（cm^2）（X 为比例尺分母），则可不加改正。

四、注意事项

开始测定前，求积仪沿图形外周概略走动一次，确定所测图形是否纳入仪器测定范围，对于极式求积仪安置极点时，将测针行置于图形中心，使测杆与极臂配置面近似直角时为宜，并使两杆尽量成直角位置时起步，为了准确可靠，不要使用到测定范围的极限附近，要留有余地。当所测图形不能全部纳入时，应划出分割线，并分开测定面积，图形若有折痕或接缝，则以此分割为宜。

为使测轮正确运动，应保持图纸水平和表面平滑，并注意保持匀速运动。

第六节 其他计算面积的方法

一、用插值法计算任意图形面积

根据野外实测界址点坐标的宗地面积公式（6-5）及式（6-7），所得面积实际上是以这些界址点为顶点的多边形面积，个别情况下若界址点连结为曲线，这时将曲线当作直线计算面积所产生的误差有时比从图面上量取面积的精度要低。如果在曲线上加测若干特征

点，使曲线近于折线，则必然会增加外业工作量。因此，提出在曲线上测定若干界址点位置，再根据这些点进行曲线内插，然后利用直线测定的点和内插点所形成的多边形一并计算任意图形的面积的方法，这种方法通常又称之为插值法。

(一) 插值法原理

设曲线的原函数为 $y = f(x)$，若原函数的具体形式是未知的，而已知曲线上若干特征点函数值 $y_k = f(x_1)$，$(k = 0, 1, 2, \cdots, n)$，根据这些点去寻求一个插值函数 $\varphi(x)$，用它来拟合原函数，这些点就称为插值节点。因此，在插值节点上，函数值与原函数相等，即 $\varphi(x_k) = f(x_k)$ $(k = 0, 1, 2, \cdots, n)$，在其余点上 $\varphi(x)$ 应尽量逼近 $f(x)$。同时要求插值函数形式要简单。求得插值函数 $\varphi(x)$ 后，就可以计算任一点 x_1 的函数值 $\varphi(x_1)$，此 $\varphi(x_1)$ 称为原函数在 x_1 点上的插值。插值函数可以采用各种形式，如代数多项式、三角多项式或有理分式等。

插值法的几何意义在于：在一条未知曲线 $y = f(x)$ 上测定若干个点的坐标 (x_k, y_k) $(k = 0, 1, \cdots, n)$，然后按某种规则（如某种形式的插值函数）来构造插值曲线 $y = \varphi(x)$，要求该插值曲线通过所有的插值节点，在其余部分则尽可能逼近原曲线。

(二) 插值函数与内插方法

插值函数虽有多种形式，但根据许多人的试算结果，代数多项式不仅形式较简单，而且效果也很好。

按多项式进行内插时，设曲线上有 $n+1$ 个界址点，其坐标为已知，于是可拟合一个 n 次多项式

$$\varphi(x) = a_n x^n + a_{n-1} x^{n-2} + \cdots + a_1 x + a_0 \tag{6-20}$$

作为整条曲线上插值函数。利用 $n+1$ 个界址点坐标，按式 (6-20) 列出 $n+1$ 个方程，从而解出 $n+1$ 个未知数 $a_0, a_1, \cdots, a_n$。由于插值数函数是根据曲线上的所有界址点求得的，因而该函数适用于整条曲线。

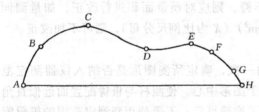

图 6-11 分段内插法

另一种方法是将整条曲线采用分段并使用低次内插的方法，其结果是相当于把若干段曲线连接起来代替原来曲线，因而在连接处曲线并不光滑。

内插次数越高，计算工作量越大，尽管依次内插在连接处不光滑，但计算的面积也还可靠。通常界址线仅是在小范围内为曲线，可以看成是二次曲线（如圆弧，抛物线，双曲线等），因而可用二次多项式进行逼近。

根据曲线形状，将其分为若干段，每段包括三个界址点，如图 6-11 所示曲线可分为四段，ABC 为一段，CDE、EFG 为第二、三段。因二次内插必须要有三个已知点，所以最后一段为 FGH 弧，但内插时只在 GH 弧段进行内插。二次内插的公式为

$$y = y_0 \frac{(x - x_1)(x - x_2)}{(x_0 - x_1)(x_0 - x_2)} + y_1 \frac{(x - x_0)(x - x_2)}{(x_1 - x_0)(x_1 - x_2)} + y_2 \frac{(x - x_0)(x - x_1)}{(x_2 - x_0)(x_2 - x_1)}$$

$$\tag{6-21}$$

上述以 x 为自变量，若以 y 为自变量，则有

$$x = x_0 \frac{(y-y_1)(y-y_2)}{(y_0-y_1)(y_0-y_2)} + x_1 \frac{(y-y_0)(y-y_2)}{(y_1-y_0)(y_1-y_2)} + x_2 \frac{(y-y_0)(y-y_1)}{(y_2-y_0)(y_2-y_1)}$$

(6-22)

式中 (x_0, y_0)、(x_1, y_1)、(x_2, y_2) 为界址点的已知坐标，(x, y) 为内插点的坐标。

下面通过一个例子来说明内插次数与精度问题。图 6-12 为椭圆的一部分，该椭圆的长半径 $a = 200\text{mm}$，短半径 $b = 100\text{mm}$，根据椭圆方程在弧上大体均匀地布设了 5 个界址点，其坐标如图，用解析几何方法求得该图形的理论面积 $S = 7853.98\text{m}^2$，现进行如下计算。

1. 不经内插坐标用式 (6-6) 或式 (6-7) 概括界址点计算得面积 $S_1 = 7803.62\text{m}^2$，面积差 $\Delta S_1 = 50.36\text{m}^2$，面积相对误差 $\Delta S_1/S = 1/156$，该精度很低。

2. 若将其分为两段，分别进行二次内插，每两个界址点均匀地内插 5 个点，利用 6 个界址点和 20 个内插点的坐标共同来计算该图形的面积，求得的结果为 $S_1 = 7852.67\text{m}^2$，面积误差 $\Delta S_2 = 1.31\text{m}^2$，相对误差为 $\Delta S_2/S = 1/5995$，该精度很高。

3. 如果不分段，利用曲线上 5 个界址点求得一个四次多项式作为插值函数，要在整个弧段上进行内插，每两个界址点间仍均匀地内插 5 个点，然后利用界址点和 20 个内插点的坐标来计算面积，求得面积为 $S_2 = 8109.92\text{m}^2$，面积误差 $\Delta S_2 = 255.94\text{m}^2$，$\Delta S_2/S = 1/31$，效果很差。这是因为在高次内插时，在曲线两端 $\varphi(x)$ 往往和 $f(x)$ 相差很大，即所谓龙格现象。所以一般不进行高次内插。

4. 对 1、2、3、4 点所围面积进行三次内插，两界址点之间仍平均内插 5 个点，计算得面积为 5885.55m^2，与理论面积 5893.16m^2 之差为 $\triangle S_4 = 4.16\text{m}^2$，相对误差为 $1/1249$。

由上述可以看出，同一曲线，即便采用多项式函数进行内插，所得结果相差也较大。不分段内插的高次内插的精度比起分段内插

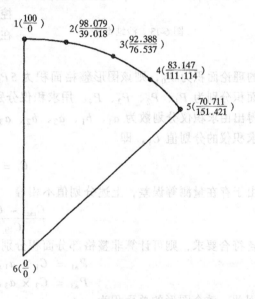

图 6-12 椭圆部分面积计算

的低次内插精度要低。由计算表明，分段二次内插能满足精度要求，而且形式简单。

（三）内插点的间距

地籍碎部测量时，曲线上界址点的间距则根据曲线弯曲程度和测图比例尺而定，根据界址点进行内插，内插间距也应适当，如果内插函数 $\varphi(x)$ 在曲线两端与 $f(x)$ 相差较大，则说明间距过大，但间距过小，即插点数过多，反而使计算的面积超过理论面积。

内插法计算面积的主要误差来源包括：由于界址点的测量误差而引起的面积误差；由于插值曲线 $\varphi(x)$ 和原曲线 $f(x)$ 不完全重合而产生的面积误差；由各内插点的连线所构成的折线与插值曲线 $\varphi(x)$ 不重合产生的面积误差。前两项误差与内插点数目无关，如果第三项误差明显小于前两项误差时，增加内插点点数已毫无意义。从这方面来讲内插点数也不宜过多。

插点计算时发现，当起始位置不同，所得图形与实地也有差异。同样对圆与椭圆进行模拟计算，界址点均匀分布在周边，由界址点进行内插，最后根据界址点和内插点的坐标由计算机描绘出界址线，当起点与终点连线与坐标轴平等或垂直时，插值精度好，而与坐标轴成 45°角时精度较差，这一问题还有待进一步研究。

二、沙维奇法

沙维奇法是以求积仪为工具，运用坐标格网的理论面积进行控制。在坐标格网控制下，用求积仪量格网内各组面部分的面积。通过将量测误差配赋后，精确地求算面积。

沙维奇法是将欲量测的面积分为包括整公里格和非整公里格部分。

整公里格的面积直接取自公里格网的理论面积，而非整格部分，则在公里格网理论面积控制下，用求积仪精确量测后，与整格部分加在一起而构成图形的总面积。

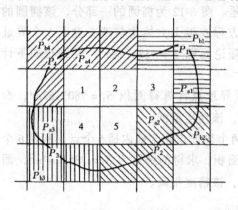

图 6-13　沙维奇法

图 6-13 中，图形内有 5 个整格，设一整格的理论面积为 P_0，则该图形整格面积为 $5P_0$。将非整格部分分为四个控制小区，各自的面积分别为 P_1、P_2、P_3、P_4。用求积仪分别量算各小区的图形轮廓线内、外两部分，可得出由求积仪分划数为 a_1、b_1、a_2、b_2、a_3、b_3、a_4、b_4。根据这些读数，可计算出各区求积仪的分划值 C_i，即

$$C_i = \frac{p_i}{a_i + b_i}$$

由于存在量测等误差，上述分划值不相等，但其间最大相对误差不应超过 1/400，即

$$\frac{C_{\max} - C_{\min}}{C_{均}} \leq \frac{1}{400}$$

若符合要求，则可计算非整格部分面积分别为

$$P_{a1} = C_1 \times a_1, \quad P_{a2} = C_2 \times a_2$$
$$P_{a3} = C_3 \times a_3, \quad P_{a4} = C_4 \times a_4$$

因此，整个图形的总面积为

$$P = 5P_0 + P_1 + P_2 + P_3 + P_4$$

则公式为

$$P = nP_0 + \sum_{i=1}^{m} P_i \tag{6-23}$$

式中　n——图形内整公里格数；

　　　P_0——整公里格网的理论面积；

　　　m——小区划分的小数。

第七节　面积量算成果处理

一、面积量算中底图变形影响

用数字化仪量算面积，底图的变形必然会影响到面积计算的精度，设 L 为底图变形

后量得的直线长度，L_0 为相应的实地水平距离，k 为变形系数

$$k = \frac{L_0 - L}{L}$$

此处 k 为一幅图中平均的变形系数，它在 X、Y 坐标轴上的投影分量分别为 k_x、k_y，底图变形改正后，直线的真实坐标增量为

$$\Delta X_0 = \frac{\Delta X}{1 - k_x}, \Delta Y_0 = \frac{\Delta Y}{1 - k_y},$$

$$\Delta X_0 = \Delta X(1 - k_x), \Delta Y_0 = \Delta Y(1 + k_y)$$

$$L_0^2 = \Delta X_0^2 + \Delta Y_0^2 = \Delta X^2(1 + k_x)^2 + \Delta Y^2(1 + k_y)^2$$

$$= L^2 + 2(\Delta X^2 k_x + \Delta Y^2 k_y) + \cdots$$

设 $k_x = k_y$，其差值不超过 20%，则可用 k 代替，则

$$L_0^2 = L^2(1 + 2k) \tag{6-24}$$

若设 L_0 为三角形的底，h_0 为其高，同理有

$$k_0^2 = h^2(1 + 2k)$$

则三角形的面积为

$$P_0 = \frac{1}{2} L_0 \times k_0 = \frac{1}{2} L \times h(1 + 2k) \tag{6-25}$$

$$= P(1 + 2k) = P + 2kP$$

式中 P 是由变形的底图所量算的面积。式（6-25）右端第二项为底图变形后量算面积的改正数。

二、平差方法

当用解析法成图时，可按式（6-4）～式（6-8）计算出各宗地面积及街坊面积，对街坊内宗地外的其他区块可以再划分为若干个虚宗地，按各折点解析坐标计算对应区块面积。并用街坊面积控制街坊内宗地与其他区块面积，其较差小于凑整误差影响时，配赋给面积最大的其他区块的面积上。

部分解析法成图的面积计算应首先用解析坐标计算街坊面积。同时用勘丈值或用图解求得街坊内各宗地面积与其他区块面积，其和应与街坊面积相对照，较差小于街坊内部图解面积和的 1/200 时，闭合差可只配赋在图解求积的宗地上，否则重新丈量。现用 ΔP 表示面积的闭合差，ΣP 表示各宗地面积和，P_0 为按解析法求得街坊面积（需从 ΣP 与 P_0 中扣除用实丈数据和用解析坐标计算的宗地面积），则各图面量算的宗地面积的改正一并列入表 6-4 中，并注意到平差后各宗地面积之和应等于街坊面积，以资检核。

图解法成图求积时，图幅理论面积应等于包含若干街坊面积之和，其中包括被图幅分割的街坊及街坊外的各区块（如道路或水域等）面积，其较差小于 $\pm 0.0025P$（P 为图幅理论面积，单位为平方米）时，将闭合差按面积赋给各街坊及其他区块的面积上。

平差后的街坊面积应等于该街坊内各宗地（包括图幅边缘宗地）面积之和，其较差小于该街坊面积的 1/100 时，则将闭合差按面积成比例分配到各宗地上。如果街坊内既有图解求积的宗地，又有用勘丈值按几何法求积的宗地。则闭合差只配赋在图解求积的宗地

上，且 ΣP_1 与 P_0 中要扣除用勘丈值计算的宗地面积。

第八节 面积汇总与统计

面积量算结束后，应对照原图逐幅逐宗检查原始记录和计算结果，地籍编号、地类与量算面积等是否正确且一一对应，各项限差是否符合要求，平差计算和闭合差配赋方法是否正确。坐标解析法计算面积时，还应检查点号、点序与原图是否一致，计算所用坐标是否与成果表一致。用几何图形法计算面积时，还应检查计算用的实丈边长与地籍调查中的边长是否一致。

面积量算经检查后，应编制以街坊为单位的宗地面积汇总表（表6-5）和城镇土地面积分类统计表（表6-6）。

在检查原始记录和计算无误的基础上，将计算结果的街坊、宗地面积填入以街坊为单位的宗地面积汇总表内。表内各街坊面积应等于街坊内各宗地与其他区块面积的和。

一宗地内有两个以上土地使用单位（个人），需在备注栏内注明各自建筑占地面积和建筑面积。

一宗地内有两种以上用途，表内填写其他地类名称时，按主要的用途填写。将表内宗地面积注记到地籍原图上，其地籍编号、地类、面积应完全一致。

以街道为单位宗地面积汇总表　　　　　　　表6-3

市　　　　　区　　　　　街道

项　目 地籍号	地类名称 （有二级类的列二级类）	地类代号	面积 （m²，亩）	备　注
2-（2）-1				
-2				
-3				
⋮				
或				
02-1				
-2				
-3				
⋮				

注：1. 一宗地内有两个以上土地使用权属单位（或个人），需在备注栏中注明各自建筑占地面积和建筑面积。
　　2. 一宗地内有两种以上用途，在表内填写地类名称、地类代号时，按主要用途填写。

宜在发证结束后由街道逐级向上汇总编制城镇土地面积分类统计表。表头单位名称应是表内的上一级单位。表头为街道，则表内为土地使用单位（个人）名称。

同一土地使用者有若干宗土地，则在使用单位（个人）名称下分宗列出地籍编号，将各宗地面积按相应地类填入表内。

面积单位可根据表头填写单位面积大小选用同一面积单位，将不用的面积单位划去。表头填写单位为街道时，应填平方米，取值至平方米后小数一位。

表内纵横栏面积和应相等，表内面积总数和量算面积结果相符。

城镇土地分类面积统计表 表 6-4

填表单位 面积单位：m^2，亩，ha，km^2

行政单位	城镇土地总面积	商业多种业用地				工业仓储用地			市政用地			公用建筑用地					…
		小计	商业服务业	旅游业	小计	工业	仓储	小计	市政公用设施	绿化	小计	文体娱	机关宣传	科研设计	教育	医卫	
		10	11	12	13	20	21	22	30	31	32	40	41	42	43	44	45

注：1. 表头名称是表内单位名称的高一级单位。
例如：表头是市，表内为区；表头是区，表内是街道；表头为街道，表内为土地使用者。
2. 面积单位可根据面积大小选用同一单位，将不用的面积单位划去。

第九节 面积量算的精度分析

面积量算的精度是指量算的面积相对于实地面积的精度。

一、坐标法面积量算的精度分析

现对式(6-6)、式(6-7)分别求 x_k、y_k 的偏导数，有

$$\frac{\partial P}{\partial x_k} = \frac{1}{2}\sum_{k=1}^{n}(y_{k+1} - y_{k-1}), \frac{\partial P}{\partial y_k} = -\frac{1}{2}\sum_{k=1}^{n}(x_{k+1} - x_{k-1})$$

于是可得

$$dP = \frac{1}{2}\sum_{k=1}^{n}(y_{k+1} - y_{k-1})dx_k - \frac{1}{2}\sum_{k=1}^{n}(x_{k+1} - x_{k-1})dy_k$$

设界址点各点误差相等且独立，设点位误差为 m，则有 $m_k = m_{xx} = \cdots m_{xt} = m_{yx} = m_{yt} = \cdots = m_{yz} = \frac{x}{\sqrt{2}}$，则根据误差传播定律，有

$$m_p^2 = \frac{1}{8}m^2\sum_{k=1}^{n}[(x_{k+1} - x_{k-1})^2 + (y_{x+1} - y_{k-1})^2] \tag{6-26}$$

或

$$m_k^2 = \frac{1}{8}m^2\sum_{k=1}^{n}D_{k-1,k+1}^2$$

式中 $D_{k-1,k+1}^2$ 为第 $k-1$ 号界址点与第 $k+1$ 号界址点的距离。

为了精确分析方便，现将式(6-26)进一步简化。当凸多边形边数越多时，各转折角的平均值越接近180°，于是可以近似地认为

$$D_{k-1,k} - D_{k,k+1} = D_{k,k+1}$$

上式两边平方求和，并考虑到第 0 点即为第 n 点，故有

$$\sum_{k=1}^{n} D_{k-1,k+1}^2 = \sum_{k=1}^{n}(D_{k-1,k} + D_{k,k+1})^2 = \sum_{k=1}^{n} D_{k-1,k}^2 + \sum_{k=1}^{n} D_{k,k+1}^2$$

$$+ 2\sum_{k=1}^{n} D_{k-1,k} D_{k,k+1} = D_{k,k+1}^2 + (D_{k \cdot 1}^2 + D_{1 \cdot 2}^2 + \cdots$$

$$+ D_{k-1,k}^2) + 2D_{k,1}D_{1,2} + 2D_{1,2}D_{2,3} + \cdots + 2D_{n-1,k}D_{k,1}$$

$$= \sum_{k=1}^{n}(D_{n,1}^2 + D_{1 \cdot 2}^2 + D_{k-1}D_k)2$$

$$= \sum_{k=1}^{n} D_{k-1,k}^2 + \sum_{k=1}^{n} D_{k,k+1}^2 \tag{6-27}$$

无论是凸多边形或是凹多边形，由于引入 $D_{k-1,k+1} < D_{k-1,k} + D_{k,k+1}$，计算的 m_p 偏大，从而使精度要求严格。

考虑到多边形各边近似相等的情况，并令多边形周长为

$$L = \sum_{k=1}^{n} D_{k,k+1}$$

则

$$D_{k,k+1} = \frac{L}{n}$$

而

$$\sum_{k=1}^{n} D_{k-1,k+1}^2 = \sum_{k=1}^{n} D_{k,k+1}^2 + (\sum_{k=1}^{n} D_{k,k+1})^2 = \sum_{k=1}^{n}\left(\frac{L}{n}\right)^2 + L^2$$

$$= n\left(\frac{L}{n}\right)^2 + L^2 = \frac{L^2}{n} + L^2 \tag{6-28}$$

则有

$$m_p^2 = \frac{1}{8}\left(\frac{L^2}{n} + L^2\right)m^2$$

也即

$$m_p = \frac{\sqrt{2}}{4}\sqrt{\frac{n+1}{n}} \times L \times m \tag{6-29}$$

式中 n 为多边形边数。

由式（6-29）可见，用坐标法量地块面积的精度与多边形形状及边界总长有关。由于 n 总是较大，故式（6-29）可简化为

$$m_p = \frac{\sqrt{2}}{4} \times L \times m \tag{6-30}$$

面积的相对误差为

$$\frac{m_p}{P} = \frac{\sqrt{2}}{4}\frac{L}{P} \times m = \frac{\sqrt{2}}{4}K \times m \tag{6-31}$$

式中 $K = \frac{L}{P}$ 为多边形地块界周长与面积之比，称周长面积比。这说明地块面积精度与地块的形状以及界址点点位误差有关。

对相同面积的几何图形，圆的周长面积比最小，而正三角形的面积比最大。

譬如说 $P = 10000\text{m}^2$，圆的周长为 360m，正方形的周长为 400m，由正三角形组成多边形的周长为 460m，其 K 值之比为 1:1.1:1.3。当正多边形边数越多时，正多边形越接近圆形，其面积的相对精度越高，但精度提高与多边形边数增加并不呈线性变化，当边数超过 4 后，边数的增加对提高精度并非越来越小。所以在量测地块时，不要一味强调取点密度，而应以经济合理方式进行量算。

当地块由多个多边形构成时，其面积为多边形面积之和，多边形公共链在不同多边形中具有不同的方向，则其链上两点间坐标差的符号相反，于是可得地块总面积为

$$2P = \sum_{k=1}^{n} X_k(y_{k-1} - y_{k+1})$$

式中 k 为地块外界界址点的顺序编号。同理，面积精度公式也为

$$\frac{m_P}{P} = \frac{\sqrt{2}}{4} k \times m$$

因而地块面积及其精度与地块内公共界址点无关，而只与外边界有关，所以量测地块面积时，不必将同种类型的地块分割开来。

二、图上求算面积的误差分析

影响图上量算面积的误差因素主要包括两部分，第一部分为地籍图的测量误差及与图纸有关的误差等；第二部分为在图上进行面积量算时，各种量测方法的面积误差。

1. 地籍图的测量误差影响

地籍图是测绘的成果，无论是控制测量还是碎部测绘，不可避免地存在一系列误差。其表现为图上所绘图形界址点点位误差 m，这一误差也就相应地传播到图形的面积上来，按照《规程》规定，界址点对于邻近图根点的点位一类界址点为 ±5cm，二类为 ±7.5cm，而对图解界址点的点位中误差没有明确要求。而按照《规程》，一般地区为图上 ±0.4mm。因而，在影响量算面积精度的诸因素中，这是一项主要的误差来源，其数值可用下列经验公式表示：

$$m_{P1} = m \frac{M}{10000} \sqrt{15P} \tag{6-32}$$

式中 m 为前述界址点测量误差（m_0），M 为测图比例尺分母，P 为被测量的图形面积，P 与 m_{p1} 均以亩为单位。

2. 图形误差的影响

对于同一面积的不同图形，对量算的影响不同，也即式（6-45）表示的周长与面积比 K，当图形是圆形时，影响最小，此时 K 为 1，其余图形将大于 1，考虑到此项误差影响，式（6-32）求得的 m_{p1} 应乘以相应的系数 K。

3. 图纸伸缩误差的影响

在面积量算作业时，尽可能采取一些有效手段来限制图纸伸缩对面积量算的影响，如沙维奇法等，但气候条件变化使图纸伸缩影响并不能消除，面积量算在二底图上变化较小，而在印刷图或蓝晒图上变化量较大，必要时应按式（6-25）进行改正。

4. 量算方法误差的影响

用膜片法计算面积所产生的面积中误差，其经验公式为：

$$m_{p4} = \pm 0.025 \frac{M}{10000} \sqrt{15P} \tag{6-33}$$

用求积仪量算面积的中误差,按其经验公式计算:

当图形面积在图上小于 200cm² 时

$$m_{p4} = \pm \left(0.7C + 0.01 \frac{M}{10000} \sqrt{15P} + 0.001P\right) \tag{6-34}$$

式中 C 为求积仪分划值。

当图形面积在图上大于 200cm² 时

$$m_{p4} = \pm \left(0.005 \frac{M}{10000} \sqrt{15P} + 0.001P\right) \tag{6-35}$$

如果量算 n 次,则式中的主项(即带有 $\sqrt{15P}$ 的项)值应除以 $\sqrt{n}$。

则图上面积量算的总误差 m_p 为

$$m_p = \pm \sqrt{m_{p12}^2 + m_{p3}^2 + m_{p4}^2} \tag{6-36}$$

式中 m_{p12} 为地籍图量误差与图形误差,m_{p3} 为图纸伸缩误差,有的试验表明,其数值约为 $\pm 0.008P$,最后一项为图解量算面积的误差。

三、图上两次量算面积的允许误差

图上两次量算由界址点构成的面积,可以检查量算工作的正确程度,但其较差并不反映实地面积的精度。

设图上界址点的点位误差 m 包含有从图上读取图解界址点坐标的点位中误差 m_0,以及由图解法测定界址点的图上点位中误差 m_n,如同地形图上地物点的平面位置中误差,M 为图的比例尺分母,于是

$$m = M\sqrt{m_0^2 + m_n^2}$$

在检查图上量算面积的正确性时,暂不考虑测定界址点的位置误差 m_n,则

$$m = M \times m_0$$

又设正方形的边长为 l,则其面积 $P = l \times l$,以边长误差为 m,则面积中误差为

$$m_p = \sqrt{2} \times l \times m = \sqrt{2}l \times M \times m_0 = \sqrt{2} \times M \times m_0 \sqrt{P} \tag{6-37}$$

量算两次,其较差与中误差为

$$\Delta P = P_1 - P_2$$

$$m_{\Delta p} = \sqrt{2} m_p = 2\sqrt{2} M \times m_0 \sqrt{P}$$

将两倍中误差为限差,则

$$\Delta P_{允} = 2 \times 2 m_{\Delta P} = 4 \times \sqrt{2} M \times m_0 \sqrt{P}$$

取 $m_0 = 0.1$mm 并考虑到面积以平方米为单位,则上式为

$$\Delta P_{允} = 0.0006 M \sqrt{P} \tag{6-38}$$

《规程》所取 $\Delta P_{允} = 0.0003 M \sqrt{P}$,较式 (6-38) 为严。

四、面积控制误差

《规程》中面积量算的有关规定指出:应用部分解析法时,所用解析法求得每个街坊的面积,可用来控制本街坊内各宗地面积之和,它与街坊面积误差小于 1/200 时,可将误差按比例分配到各宗地,得出平差后各宗地面积。在图解法量算面积则以图幅理论面积为

首级控制，图幅内各街坊及各区块面积之和与图幅理论面积之差小 ±0.0025P（P 为图幅理论面积）时，将闭合差按比例配赋给各街坊及其他区块，得出平差后的各街坊及各区块的面积。用平差后的各街坊面积去控制街坊内丈量的各宗地面积，其相对误差不得大于 1/100，在允许范围内将闭合差按比例分配给各宗地，得出平差后的宗地面积。

设面积 P' 是由若干正方形的子区面积 P_1 综合而成，则

$$P' = P_1 + P_2 + \cdots\cdots + P_n$$

若子区面积相等为 p，其误差也均为 m_p，则 P' 的误差 m'_p 为

$$m_{p'}^2 = \Sigma m_p^2$$

现在来讨论面积控制限差，设控制的理论面积 P，量算面积 $P' = \Sigma P$ 的较差为 Δp。

$$\Delta p = P - P'$$

则

$$m_{\Delta p} = \sqrt{m_p^2 + m_{p'}^2}$$

式中 m_p 为图廓理论面积（由图廓点构成）或由解析界址点构成求积区的面积误差，图廓点或解析界址点的展点误差是 m_p 的主要误差来源，$m_{p'}$ 还包括量测各子区面积产生的误差。$m_{p'}$ 要大于 m_p，现设 $m_{p'} = \sqrt{2} m_p$，则

$$m_{\Delta p} = \sqrt{3} m_p$$

根据式（6-37），$m_p = \sqrt{2} \times M \times m_0 \sqrt{P}$ 则

$$m_{\Delta p} = 2\sqrt{3} \times M m_0 \sqrt{P} \tag{6-39}$$

仍取 $m_0 = 0.1\text{mm}$，则相对面积中误差

$$\frac{m_{\Delta P}}{P} = \frac{0.35}{\sqrt{P}}$$

其允许的相对误差为

$$\frac{\Delta P}{P} = \frac{2 \times 0.35}{\sqrt{P}}$$

设面积由 $l \times l$ 的正方形组成。当图幅控制面积 $P = 500\text{mm}^2$，则

$$\frac{\Delta P}{P} = \frac{0.7}{\sqrt{500}} = \frac{1}{710} \tag{6-40}$$

如果图幅由 9 个正方形街坊组成，对街坊控制面积来说，$P = 170\text{mm}^2$，则

$$\frac{\Delta P}{P} = \frac{0.7}{170} = \frac{1}{240}$$

同理，可求出街坊控制面积与宗地面积和的限差，若设 $P = 150\text{mm}^2$，即

$$\frac{\Delta P}{P} = \frac{1}{200}$$

上述讨论限差的精度均高于《规程》规定的精度，究其原因，其一为上述讨论是正方形和假定面积条件下进行的，实际图形复杂得多；其二是假定展点误差和图上量取点位中误差均为 0.1mm。实际要比这个数值大 $\sqrt{2} \sim \sqrt{3}$ 倍。所以《规程》的规定还是可行的。

这里讨论的仅是规定面积控制误差的一种思路，有关限差的合理规定还有待进一步研究。

思 考 题

1. 说出各种量测面积方法的主要优缺点及适用范围?
2. 叙述面积量算的原则与程序?
3. 进行面积量算时,要考虑哪些因素的影响?

第七章 变更地籍调查

第一节 概 述

在初始地籍调查、初始土地登记结束后，为适应日常地籍管理的需要，保持地籍资料的现势性，需要及时对调查区范围内所发生的土地权属变更、土地主要用途变更等内容进行调查核实，修正有关地籍图、表、卡、册，为进行变更土地登记提供基础资料和依据，这就是变更地籍调查。

一、变更地籍调查的内容和任务

变更地籍调查在变更土地登记前进行，这是地籍管理的一项主要日常工作，其具体内容与变更土地登记申请的内容有关。初始土地登记后，凡有以下情况的土地使用者必须向土地管理部门提出变更土地登记申请，进行变更土地登记。

因土地征用、划拨引起土地所有权和使用权的变更，以出让方式取得国有土地使用权，因地上建筑物、附着物转让（包括出售、继承、赠予）引起土地使用权的变更，因单位合并、分立、企业兼并或因交换、调整土地等引起土地使用权的变更，均应进行土地权属变更登记。

出租、抵押国有土地使用权或因土地权属变更引起的他项权利转移应进行他项权利变更登记。

因土地所有者、使用者、他项权利者更名或更改通讯地址应进行更名、更址登记。

登记的土地用途发生变更应进行土地用途变更登记。

依法收回土地使用权，土地使用权出让期满，因自然灾害造成土地灭失，土地使用权抵押合同终止，土地使用租赁合同终止等均应进行注销登记。

无论何种情况的变更，在变更土地登记前，都应根据每一个变更土地登记的申请，及时到实地进行权属调查，因土地所有权、使用权分割、合并引起界址点、界址线变更或者国有土地使用权部分出租、抵押的还须在权属调查基础上进行地籍勘丈。

可见，变更地籍调查的内容包括变更权属调查和变更地籍测量。其任务是查清每一变更后宗地的位置、权属、界线、数量和用途等基本情况及对土地出让、转让、出租等活动的复核性调查，为变更土地登记提供最新的、精确的地籍资料，满足土地使用者的要求，实现动态的、规范的、科学的日常地籍管理。

二、变更地籍调查的种类

变更地籍调查按是否更改界址可分为二大类：

（一）更改界址点、线的变更地籍调查

这是当宗地合并、分割、边界调整时所进行的必须更改界址的一类变更地籍调查。

（二）不更改界址的变更地籍调查

这类变更地籍调查不需要更改界址。它包括整宗地的出让、转让、抵押、出租等经济

活动需要进行的复核性调查或精确测量，地类变化及更名、更址等。如果变更登记的内容不涉及界址的变更，并且该宗地原有地籍资料是用解析法测量的，则经地籍管理部门负责人同意后，可以不进行变更地籍测量。

三、变更地籍调查的特点

变更地籍调查根据土地使用者的变更土地登记申请的变更项目进行地籍调查。它是在初始地籍调查基础上进行的，是初始地籍调查的延续，并按实际情况对其进行补充和修正。与初始地籍调查相比，尽管其方法、原理基本相同，但有以下不同特点：

（一）地点分散、发生频繁、调查范围小

变更地籍调查只在发生变更的宗地进行，调查范围小，且变更地点分散，随着城镇建设的发展和社会经济活动的增多，变更宗地发生频繁。及时进行变更地籍调查已成为土地管理部门的正常业务活动。

（二）政策性强、精度要求高

变更地籍调查要核实发生变更的宗地状况是否符合法律规定，根据调查结果修改原有调查资料，这时将涉及更广泛的有关法律、法规和政策，并且受到原有经登记资料的约束和检核，不仅要保证变更调查的正确性，还要合理纠正原有调查资料的缺陷。

（三）变更同步、手续连续

进行变更地籍调查后，与本宗地有关的表、卡、册、证、图均需进行变更。为了维护地籍资料的完整性和系统性，保持权属变更在法律上的连续性，任何一宗地，无论发生多少次变更，都应该能从地籍档案中查到它的权属现状和变更情况。

（四）任务紧急

土地使用者提出变更申请后，需立即进行权属调查、变更测量，才能满足使用者要求。

第二节 变更权属调查

一、准备工作

土地管理部门在收到变更登记申请书后，对符合变更申报要求的，应及时组织变更地籍调查工作。调查前，应做好准备工作。

首先，应根据变更登记申请所在的宗地位置，收集下列有关资料：

变更土地登记申请书；变更宗地及相邻宗地的地籍档案；变更宗地所在的基本地籍图；变更宗地及相邻宗的原地籍调查表的复制件；有关界址点坐标；本宗地附近的控制网图、点之记、控制测量成果；变更地籍调查表。

接着，给变更土地登记申请者及相邻宗地土地使用者发送变更地籍调查通知书，其内容如下：

变更地籍调查通知书　　　　　　　　　　　　　　表 7-1

根据你（或单位）提交的变更土地登记申请书，特定于　　月　　日　　时到现场进行变更地籍调查。请你（单位或户主）届时派代表到现场共同确认变更界址。如属申请分割界址或自然变更界址的，请预先在变更的界址点处设立界址标志。 　　　　　　　　　　　　　　　　　　　　　　　　市（县）土地管理局（盖章） 　　　　　　　　　　　　　　　　　　　　　　　　　　　　年　　月　　日发出

二、变更地籍编号和界址点编号

变更地籍调查中,无论宗地分割或合并,原宗地号一律不得再用。

当原宗地经变更分割为几个宗地后,则分割后的各宗地以原编号的支号顺序编列。如18号宗地分割成了三个宗地,分割后宗地编号分别为18-1,18-2,18-3。如18-3又发生第二次变更,分割成两个宗地,则编号分别为18-4,18-5。

当数宗地合并时,则使用其中最小宗地号加支宗号表示,其余宗地号一律不得再用。如18-4宗地与10宗地合并,则编号为10-1,18-5宗地与25宗地合并,则编号为18-6。

对于变更界址点编号的处理是:如果初始地籍调查的界址点以街坊统一编号,变更权属调查时,已废弃的界址点在街坊内的统一编号永远消失,不得再用,新增的界址点,按原编号原则续编新界址点号。如果在初始地籍调查时,界址点在宗地草图中以宗地为单位顺序编号,则变更后的界址点以变更后的宗地为单位重新编号。

三、实地调查

地籍调查员携带好有关资料和仪器到现场进行实地调查勘丈。实地调查由权属调查和地籍测量两部分组成,在权属调查中应注重做好以下几方面的工作:

1. 核对申请宗地及邻宗地指界人的身份,检查变更原因是否与申请书上一致。
2. 对宗地合并、分割或边界调整等需增设界址点时,检查申请者事先设定的界标是否符合要求,或直接在实地设置界标。设置界标时,必须经变更宗地申请者及相邻宗地使用者或委托代理人到场共同认定,并在变更地籍调查表上签名盖章。若碰到疑难或重大问题,应待以后研究处理,有了处理结果再修改地籍资料。
3. 全面复核原地籍调查表中的内容是否与实地情况一致,填写变更地籍调查表。
4. 绘制变更宗地草图。

四、变更地籍调查表的填写

对变更地籍调查表的填写要求与初始地籍调查基本相同,应在现场填写,封面上划去"初始"二字。其初始地籍调查表归档保存。

按要求填写新编制的变更宗地的地籍号,说明栏内注明原土地使用者、坐落、地籍号、变更原因以及纠正初始地籍调查中错误的依据。

原勘丈数据与检查数据在限差内按原数据填写,有错误的则填写新值。

在相邻宗地的原地籍调查表复制件上用红色改正有关变更内容(如四至、邻宗地变更后的地籍号)后与原件一起存档。

五、宗地草图的变更

《城镇地籍调查规程》中规定宗地草图应在勘丈过程中重新绘制,不得在原有宗地草图上划改或重复使用。

变更权属调查时应将变更内容用红色记录在原宗地草图的复制件上。废弃的界址点、线用红色"×"划去;新界址点用红色"。"表示;新界址线用红线表示;作废数据用红细线划去,但仍应保持原数据清晰可辨;新勘丈数据用红色标记在图上相应位置处。如果上述记录尚不明确,可用文字或图形加以进一步说明。原宗地草图和修改的复制件作为原始资料归原宗地档案中保存。在现场依据变更的宗地草图复制件,重新绘制变更后的宗地草图并归档。

第三节 变更地籍测量

变更地籍调查过程中，对于确定依法变更后的权属界址、宗地形状和面积的测量工作称为变更地籍测量。其主要任务是及时反映土地权属变更现状，为保持地籍档案的现势性提供测量技术保障。

一、变更地籍测量的实施

（一）检查、恢复界址点

变更地籍测量方法一般采用解析法，暂不具备条件的，可采用不低于原勘丈精度的方法。无论采用何种方法，在认定变更界址点和用解析法更新前，均须以原地籍调查表、宗地图、界址点坐标为依据，检查尚有标志的界址点实地位置的正确性，纠正原勘丈和测量数据的错误，恢复仍需保留的界址点上丢失或移位的界标，然后依据经检查证实实地位置正确的界址点、图根点进行变更地籍测量。

1. 检查界址点

首先应检视界标是否完好，然后复量相邻界址点之间、界址点与邻近地物点之间的距离，检查复量值与原勘丈记录值是否相符，如果不超限，则保留原数据；当复量值与原记录不符时，应分析原因按不同情况处理。如果对原勘丈数据有把握肯定是明显错误的，则可以修改；如果复量值与原勘丈值的差数超限，经分析是由于原勘丈值精度低造成的，则可用红线划去原数据，写上新数据；如果分析结果是界址点标志有所移动，则应使其复位。

2. 恢复界址点

如果界址点标志丢失，则应利用其坐标用内分、距离交会或放样等方法恢复界址点的位置；如果原界址点无解析坐标，也可以利用相邻界址点间距、界址点至邻近地物点的间距，在实地使界址点位得到恢复。再用宗地草图上的勘丈值检查，然后取得有关指界人同意后设立新界标。若放样结果与勘丈结果不符，则应查明原因后处理。若意见不统一，可以不做结论，按有争议界址处理。

（二）变更界址点的测定

1. 更改界址的变更地籍测量中，当土地发生合并时，只需保留合并后新形成宗地的界址点位置，这时应销毁不再需要的界标，废弃的界址点不得再用，并在原地籍调查表复制件中，用红笔划去有关点或线。

2. 当土地发生分割时，除了销毁不需要的界标，废弃的界址点不得再用，还须测定新增界址点的位置。若分割点在原界址边上，可依据申请者埋设的界标，丈量分割点对相应界址点的间距，用截距法计算坐标，或用申请者给定的条件计算得坐标后，于实地放样埋设界标。若分割点在原宗地内部时，依据申请者埋设的界标，丈量原界址点至分割点的距离，用距离交会法等方法计算分割点的坐标。

3. 当界址边界调整时，也可依据检查过的界址点，丈量新增界址点对原界址点的距离，用距离交会或其他解析方法计算新增界址点坐标，必要时依据原图根点或新布设的图根点，用极坐标法或支导线法测定其坐标。

4. 原为图解法，用图解法变更勘丈，与解析法变更原理相同，用图解法确定新增界址点在二底图上的位置；原为部分解析法，有条件的按要求用解析法变更。当界址变更占图幅或街坊 1/2 时，应用解析法按街坊更新地籍图。

二、地籍测量资料的变更

变更地籍测量后，应将有关的资料进行变更。

（一）解析界址点坐标册的变更

如果原地籍资料中没有该点的坐标（如用栓距等勘丈值确定的界址点或是分割中新设置的界址点），则用新测的坐标直接作为重要的地籍资料保存备用。

如果新测坐标值与原坐标值的差数在限差以内，则保留原坐标值，新测资料归档备查。

如果旧坐标精度较低，则用新坐标取代原有资料，在界址点坐标册中，用红色细线划去废弃或错误的界址点坐标，用红色数字注出新增或正确的坐标值。改动之处注变更日期、作业员姓名。

（二）地籍图的变更

地籍原图作为原始档案，不作改动。地籍图的内容变更在二底图上进行。发生变更时，先将二底图复制一份，用红色标明变更内容，将其作为历史档案保存备查。然后根据变更测量成果及新的宗地草图修改二底图的有关内容，刮去废弃的或错误的界址点位、线和注记，着墨绘出新界址点、线和注记。

（三）宗地图的变更

按新的宗地草图和地籍图绘制变更宗地的宗地图，当变更涉及邻宗地时，邻宗地的宗地图也应重制作。在原宗地图的复制件上，用红色修改变更地籍号等内容，与宗地图的原件一起归档保存。

（四）宗地面积的变更

1. 原为解析法，用解析法变更，宗地分割后各宗地面积之和应等于原宗地面积；边界调整前后的有关宗地面积和应相等；合并宗地面积应等于原若干个被合并宗地面积之和。发现原勘丈成果有误，应更正有关面积数据，以新的面积为准。原部分解析法的街坊面积与变更后其宗地面积之和及图解法中图幅理论面积与变更后街坊面积之和不符值，可暂不处理。

2. 原为图解法，用图解法变更时，各分割宗地面积之和应等于原宗地面积；边界调整时各宗地面积之和应等于原宗地面积；合并宗地面积应等于原宗地面积之和，若不相等，均以原宗地面积为控制，按面积成比例平差。

思 考 题

1. 简述变更地籍调查的内容和任务。
2. 变更地籍调查的主要特点？
3. 变更地籍编号和界址点编号的原则与方法？
4. 如何进行地籍资料的更新？

第八章　地籍数据处理与地籍数据库

第一节　计算机地籍数据处理技术及发展

直至 20 世纪 90 年代初期，我国的地籍数据处理工作，包括地籍测量的数据采集、处理、成图和资料整理等工作，主要还是靠人工手段来完成。但由于该工作数据处理量大、要求高以及处理程序复杂等特点，使得从事这项工作变得十分复杂，生产效率也无法提高。为保障土地管理工作的正常运转，有关的科研机构、高等学校和生产部门已经逐步地将计算机科学技术引入这一领域，并取得了很大的成就。本章将对此作一简要介绍。

一、计算机在地籍测量中的应用

运用计算机解决地籍测绘工作中的复杂计算问题已引起测绘工作者的极大关注。采用人工手段处理地籍测量数据不仅效率低而且很易出错。如果采用电子计算机，并配之以适宜的处理软件，不仅可以使工作简化，避免不必要的错误发生，而且可以使工作效率数倍甚至数百倍的提高。

计算机应用于地籍测量的优越性还体现在数据传输方面。从外业数据采集到内业的解析坐标计算与展绘，以及面积量算直至成果输出，如果不借助于计算机，必须多次地将所有数据逐个逐位地抄录到各种手簿和表格上，并进行至少是 100% 的校对，不仅耗费了大量的工时，而且常因抄错而影响成果质量。实践告诉我们，数据多次转抄产生错误是测量工作中的出错的主要原因之一。更为严重的是，如果在工作后期发现了某个前期数据存在错误（这种现象在地籍测量工作中频繁发生），则往往需要改正一系列的后继数据，导致局部返工。使用计算机传输和存储数据时，则基本上可以避免了转抄校对，而且只需花费较小工作即可进行局部甚至全部的重复计算。

计算机应用于地籍测量的最大优越性还体现在资料的管理与综合利用上，地籍调查包括权属调查与地籍测量，通过使用计算机可以将权属调查的资料运用于地籍测量上，如利用权属调查的勘丈边长来检查反算边长，用以检查勘丈边长与解析界址点的观测精度；利用地籍调查表的界址标示情况来检查宗地界址线之间是否存在矛盾；利用地籍调查表还可以很方便地完成宗地界址线的连接；利用野外的观测数据结合地籍调查资料可以方便地完成各种图件的生成与绘制；利用地籍调查表和地籍测量的资料可以很方便地完成宗地的面积量算与汇总，同时还可完成各种表册（如：界址点坐标册、宗地面积的各种分类统计）的报表工作等。

二、计算机在地籍管理中的应用

在过去，地籍资料均是用人工手段以文字或数字的形式进行书面记载，分门别类汇编成册。需要时可对其进行增加、删改或更新工作，或者通过检索这些资料而获得各种数据，以图形或表格的形式通知有关的单位或个人。然而，地籍信息量大，种类繁多，而且变化很快，特别是在当今的改革开放政策之下，实行土地使用权的有偿转让，逐步放开房地产市场，地籍变更测量工作变得较为频繁，土地的面积、质量、权属和用途不断地发生变化。人工管理地籍资料的效率很低，又容易出错，不能准确及时地反映现实情况。只有应用计算机数据管理技术，尤其是数据库技术，来管理地籍资料，才能做到准确、实时地向人们提供最新的地籍数据，还能对地籍的动态变化进行监测统计，供政府部门决策参考。

三、地理/地籍信息系统

(一) 信息系统和地理信息系统

我们知道，地籍调查是地籍管理的基础，两者是紧密联系的。从技术上讲，应当用数据库手段来管理地籍资料，使地籍管理的各环节能合理经济地利用地籍测量数据。否则，前后工作不能一体化地进行，比如进行土地定级或估价时又需要重新数字化地籍图或人工输入文（数）字资料，既增加了工作量，又损失了数据的精度与可靠性。

同时，由于社会的发展，地籍管理系统正面对着越来越广泛的用户和越来越多样的需求，这种系统应当是开放性的信息系统。信息系统区别于一般的数据库，除了能对信息系统或数据进行采集、存储和再现，还能对用户的特定计划进行分析，尽可能提供决策支持。

按照信息的结构类型，人们将信息分为非空间信息与空间信息，空间信息系统研究的对象是与空间地理分布有关的信息。最重要的空间信息系统是地理信息系统（GIS，即 Geographical Information System），它是采集、存储、管理、分析和描述整个或部分地球表面（包括大气层）与空间地理分布有关的数据的空间信息系统。

(二) 土地信息系统

GIS 的概念范畴是很广泛的。不同的国家和机构在建立 GIS 时总是侧重考虑自己业务的需要，即 GIS 实际上是有专业性的。一般人们最重视的是环境与资源，因此在有些场合，环境与规划利用的信息系统，也可称为土地信息系统（LIS，即 Land Information system），直至今天 GIS 和 LIS 也无法加以严格区分，笼统地写为 GIS/LIS，尽管人们都认为 LIS 应当是 GIS 的分支。

(三) 地理/土地信息系统的组成

一般说来，GIS/LIS 是空间信息处理的计算机系统，可包括以下几个子系统：

1. 数据获取

我们知道，从本质上讲，计算机只能对数字进行运算而得到数字，即其处理的对象和产生的结果均为数字，而地籍数据有三种形式：数字量、模拟量和抽象量。对于数字量，适当加以整理、归类后即可按一定的格式输入计算机，后两类量则还必须转换成数字量才能被计算机所接受。例如，一个宗地的几何形状是模拟量，对其进行测量后才能获得若干界址点的坐标等数字量。而该宗地的权属、用途以及其他属性则属于抽象量，经过调查获得这些抽象量后需要按某种特定的规则进行编码，也可转换成数字量。

当前，地面直接测量方法（或称地形测量方法）是地籍数据采集的主要方法，从已有图件上量测数据的图数转换方法和摄影测量方法也很常用，但往往精度不尽人意。

2. 数据处理

计算机对输入的数据进行处理。处理可经由计算机按照事先给定的数学模型自动进行，称为"批处理"或"被动处理"；也可以由作业人员实时地指导计算机采取一系列特定的处理步骤，最终达到目的，即所谓的"交互式"（人机对话式）处理。输入的数据和得出的结果都被妥善地存放在计算机内外存储器中，其组织形式称为"数据结构"。

3. 管理和维护

数据管理和维护主要是为了常规的数据输入、数据更新和数据检索等功能。其中数据检索特别重要，它直接影响到用户获取信息的速度和能力。

4. 数据分析

提供各种分析操作，如进行目标的重新分类和合并；量测距离、面积和方向；考察目标的空间连通性及进行空间分析（包括多边形叠置分析、地形分析、趋势面分析等，进而可以优化空间分布、测试模型、模拟过程、统计制表，等等）。

5. 数据输出

数据输出是指根据不同的应用要求及时以数字、报表和图形等形式输出各种成果，如输出地籍表（册）、地籍图等。

数字成果的输出比较容易，只需将它们按一定的格式编排成表格等形式，然后打印或显示出来。图形成果的输出则要困难得多，必须将计算机内数字形式的"图形"进行转换成各种指令，借助于图形显示器或绘图仪，显示或绘制出真实的图形。

四、计算机地籍数据处理的客观条件

如前所述，应用计算机进行地籍数据处理，具有显著的优越性，也是出于改革开放新形势下经济建设发展的需要。另一方面，也只有现代科学技术，尤其是科学技术发展到了较高水平的今天，才具备了计算机地籍数据处理乃至建立 GIS/LIS 的客观条件。

首先，计算机硬件产品不断得到更新。中央处理器的运行速度越来越快、存储容量越来越大，精密图数转换设备、高速打印机、高分辨率图形显示器、精密绘图仪等外部设备的性能愈来愈高，售价却持续下降。尤其是微型计算机已经普及到了各行各业的日常工作中，其性能之强已可与昔日的小型甚至中型计算机相匹敌，而价格却是很低廉。所有这些，为计算机数据管理工作提供了坚强的物质基础。

其次，操作系统、数据库、计算机地图制图等计算机的应用研究不断有新的突破，科技人员开发出了日益丰富的高性能的软件资源，使得计算机图形数据处理得以顺利实现。

第二节 地籍数据处理设备

数据处理工作的成效在很大程度上取决于数据处理所使用的计算机软硬件设备的出现。

计算机是硬件设备中起主导作用的核心设备；进行数据（尤其是图形数据）的输入输出还需要各种外部设备。高性能的硬件设备是地籍数据处理的重要物质基础。丰富而强有力的软件资源对于人们正确有效地控制和驱动硬件设备也是必不可少的。

了解地籍数据处理软硬件设备的作用和性能，将有助于合理地选配这些设备，充分发挥其在地籍数据处理工作中的效能。

一、微型计算机

微型计算机是在 70 年代初期由电子计算机技术和大规模集成电路技术相结合而诞生的，因为它具有体积小、耗能低、价格便宜、工作可靠和维护方便等优点，所以发展十分迅速。二十年来，微型计算机已经非常普遍地应用到了科技计算、事务处理、办公室自动化、教育、通讯、控制和工程设计等许多领域。从我国当前国情出发，使用微型计算机系统作为地籍数据处理设备，是十分适宜的。

下面介绍几类广泛应用的微型计算机。

（一）袖珍式微型计算机

袖珍式微型计算机是价格最低的计算机，由于便于携带、通常只需可充电的干电池供电，特别适合于外业生产单位现场数据记录和进行小规模数据处理工作时使用。目前我国测绘人员最熟悉的袖珍式计算机是日本 SHARP 公司生产的 PC1500 及其改进型 PC-E500，这里的 PC 是"Pocket computer"的缩写，即袖珍计算机。类似的袖珍计算机还有日本 CASIO 公司的 BP700 和 EPSON 公司的 HX-20 等。

十余年来，袖珍计算机在我国各行各业尤其是在各级测绘生产单位得到了非常广泛的应用，并研制了大量的计算软件，解决了很多计算困难。以测绘计算而言，从外业手簿计算、内业控制网平差到投影计算，每项专门的复杂计算程序都可轻易地从已公开发表的书籍中找到。

袖珍计算机均可用于外业观测数据（手工键人）的记录，也可自编软件进行数据的预处理，能起到数据采集器的作用。

然而，袖珍计算机的结构性能限制了它们的应用范围。通常袖珍机的内存只有几个到几十个 KB，既不能处理大容量的数据，也不能运行高效率的编译系统和应用软件，比如，只能运行解释 BASIC 语言。袖珍计算机的运算速度也比较慢，再加上它们没有图形处理能力，且常以磁带机作为外部存储器，不能进行数据的高速随机读写，等等，使得它们不能胜任地籍数据处理工作。

（二）台式微型计算机

应用最广泛的台式微机是美国 IBM 公司生产的 IBM-PC 系列。这里的 PC 是"Personal-Computer"的缩写，原意为"个人计算机"。

IBM 公司拥有雄厚的技术力量，本来是以制造大、中型计算机为主，1981 年推出微型计算机 IBM-PC 后，很快就占领了微机市场，销售量跃居世界第一位，取代了微型计算机 APPLE。

IBM-PC 和随后推出的 IBM-PC/XT，这种机型的中央处理器是 Intel 8088 CPU（中央处理器）；1984 年 IBM 公司出了以 INTEL 80286 为 CPU 的 BIM-PC/AT，又称 PC286；以后又相继推出 PC386、PC486 和 Pentium（"奔腾"，又称 80586）型 CPU，目前市场上已推出了配备奔腾 4 处理器的微机。

不断更新的微型计算机产品在使用上基本是向上兼容的，且功能越来越强。

高品位的系统性能和日益下降的产品价格，使得微机成为较为适宜的地籍数据处理设备。

二、微型计算机的外部设备

微型计算机可选配的外部设备很多，下面择要介绍。

（一）绘图仪

绘图仪是很重要的图形输出设备，种类很多，在精度、速度、幅面大小和售价等方面有很大差别。从工作原理上看，绘图仪可分为矢量式（也称画线式）和栅格式两类，以前者为多见。矢量式绘图仪一般使用绘图笔，按需要抬笔或落笔，在 X、Y 方向上按各自的速率分量连续运动，由此绘出连续的折线；栅格式绘图仪一般是用喷墨头在图纸上按一定的时间间隔左右进级扫描，在显示的部位喷墨，构成点阵形式的图（图8-1）。

1. 平台式绘图仪

平台式绘图仪是一种矢量式绘图仪（如图8-2所示），绘图台板上有横梁作为 Y 轴，可沿 X 方向平行滑动；横梁上可沿 Y 方向直线运动的绘图头上装有绘图笔或者刻图针。平台式绘图仪是高精度绘图仪，价格比较高，其综合精度可高于 ±0.1mm；一般采用伺服电机或步进电机，利用滚珠丝杠、齿轮、齿条传动，所以绘图速度较低。

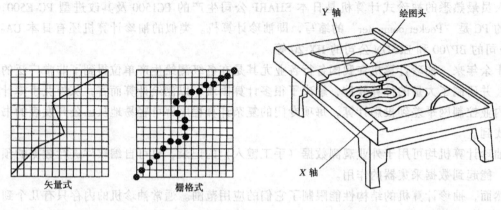

图8-1　绘图原理示意　　　　　图8-2　平台式绘图机

2. 滚筒式绘图仪

滚筒式绘图仪发展最快、应用最广，也是矢量式的。图纸装在滚筒上，前后滚动作 X 方向，电机驱动笔架左右移动作为 Y 方向，笔头的起落由电磁铁控制。仪器的价格不贵，绘图速度也快，但精度稍差点。

3. 经济型绘图仪

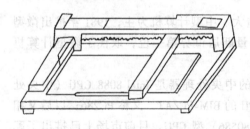

图8-3　经济型多笔绘图机

许多用户购置了经济型多笔矢量式绘图仪。这种绘图仪虽然幅面小、精度低，然而价格低廉，能满足某些工程图、专题图和统计图表的绘制要求。

如图8-3所示为671-20型多笔绘图仪。它的有效绘图范围为 $40 \times 27 cm^2$（A3幅面），绘图笔步距 0.1mm，绘线精度达 ±0.2%，重复精度为 ±3mm。这种绘图仪具有联机和手控两种绘图方式，联机时通过计算机发送简单的指令（共20多条）来驱动绘图笔起落、移动、书写常用字符和绘制特定的符号，手控方式则通过按键操作控制绘图笔的各种动作。

（二）显示器

显示器是最基本的输出设备，一般与计算机联机，用于同步输出图形和文字。现在使用较多的是栅格式显示器，其最重要的性能指标是分辨率或称为分解力，即屏幕可显示像素的行列数，以及每个像素可选的颜色种类（彩色显示器）或灰度级数（黑白显示器）。显示器的分辨和颜色（或灰度级）数除取决于显示器本身，另外还与计算机主板上的显示器适配卡有直接关系。IBM-PC 系列微机的常用显示器及其适配卡有以下几种：

1. CGA 显示器及其适配卡

IBM-PC/XT 机一般装有 CGA 适配卡（COLOR GRAPHICS ADAPTER），用于支持两种显示模式。

A/N（字母数字）模式可显示 25 行×40 列字符或 25 行×80 列字符，每个字符块的大小为 8×8 点，其中字符由 5×7 或 7×7 的点阵构成。

APA（图形显示）模式可按两种不同的分辨率显示图形：中分率 320×200，每个像素有 4 种可选颜色；高分辨率 640×200，每个像素可取黑白两色之一。

2. GEA 显示器及其适配卡

EGA 卡（ECHANCED GRAPHICS ADAPTER）安装于 PC286 以上微机，除支持 CAG 的所有显示模式外，可以显示的最高分辨率为 640×350，16 种颜色或 4 种灰度。

3. VGA 显示器及其适配卡

VGA（VIDEO GRAPHICS ARRAY）是为中高档微机设计的高性能视屏标准，它与 EGA 高度兼容，又增加了几种显示模式，可以显示高达 640×480 的分辨率和 16 种颜色。

4. SVGA 适配卡

SVGA（SPUER VGA）是一种最新的微机显示器适配卡，它使 VGA 显示器的分辨率达到 1024×786。

（三）行式打印机

行式打印机也是基本的输出设备，一般按栅格原理工作。行式打印机一般只能打印特定字符集里的字符，利用不同字符的组合和叠加也可制作符号图。针式打印机还可用于屏幕图形硬拷贝或制作点阵图。

行式打印机的价值便宜，输出图件的纵向幅面没有限制，速度也快，是一种很经济的输出方式。

（四）图形数字化仪

图形数字化仪分跟踪式（手扶）和扫描式两大类，分别用于矢量图形和栅格图形的数字化。

跟踪式数字化仪（如图 8-4 所示）多为电磁式，由数字化台板和定位游标等两部分组成，定位游标在台板上移动时，会产生变化的磁场，使台板下的伺服跟踪传感器精确地跟踪游标的位置。伺服跟踪传感器所移动的距离被分解为 X 和 Y 两个方面的分量，分别由旋转式编码器转换成数字量。也有的跟踪式数字化仪结构更简单，台板下分别沿 X 和 Y 方向精密排布的栅格电路，工作时离定位游标最近的线路必然感应产生最强的电流，由此确定定位游标在台板上的位置。所以，数字化时只需将定位游标的十字丝交点准确对准固定在台板上图件中的某一点，撳动游标上的一个按钮，数字化仪便向计算机发送该点的 X、Y 坐标数据及按钮编号。

图 8-4　跟踪式数字化仪

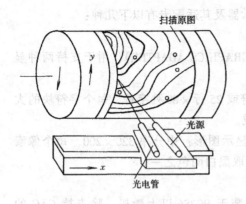

图 8-5 滚筒扫描式数字化仪

图 8-5 是滚筒扫描式数字化仪示意图。单色扫描仪工作时,使图件固定在滚筒上并随之转动,由采样头进行螺旋形的进级扫描,采集到光电信号,经检测系统转换为数字信息。如果是线划图,每个扫描的像素可只取 0 和 1 两个值(称为二值图像);如果是影像图,则每个像素应取较多的灰度级值。彩色扫描仪的工作情况比较复杂一些,一般应同时按红、绿、蓝三色分别扫描检测。

还有的扫描数字仪是平台式的,即图纸固定在平台上,采样头作平面运动扫描。

扫描数字化的自动化程度较高,大大地减少了人工劳动,但采集到的信息量巨大,处理起来比较困难。

(五)数字坐标仪

数字坐标仪是我国无锡市数家工厂近几年的新产品,它的结构外形类似于平台式绘图仪,工作原理却类似于跟踪式数字化仪。作业时手工推动绘图笔或刺点针沿横梁作 Y 方向运动,或推动横梁在平台上作 X 方向滑动,绘图笔或刺点针的平面位置 (X, Y) 被实时地显示在数码器上或通过接口电缆输入微机。这样仪器可用于按给定坐标展点或读取图纸上的点位坐标。借助于微型计算机,可使展点工作半自动化,还可以进行图斑面积量算等。

数字坐标仪精度较高,价格适宜,可以应用于地籍测量工作。

(六)全站型电子速测仪

全站型电子速测仪是在 20 世纪 60 年代后期出现的集测角、测距和记录计算功能为一体的自动化测量仪器,它并不是与计算机联机的外部设备,但能通过读卡机或通讯接口向计算机输送数据,是非常适于地籍测量的自动化数据采集仪器,故而在此作一简单介绍。

全站型速测仪主要由电子经纬仪和光电测距仪两部分组成,一般还专门配备数据采集器。

电子经纬仪的外形、机械转动部分和光学照准部分与普通光学经纬仪大致相同,角度测量一般也是根据度盘来进行,主要差别在于前者是用电子手段测角,将从度盘上取得的光电信号转换成角度值。近几年普遍采用了动态测角技术,以消除度盘偏心差和刻划误差,并通过多次测量求均值的方法提高精度。另外,电子经纬仪内部装有微处理器,用于测量过程的操作控制和数据传送处理。

如果电子经纬仪和测距仪共用一个望远镜,并被安装在同一个外壳内,就构成了整体式全站型速测仪。全站型速测仪的另一类型是组合式(或积木式),其特点是电子经纬仪和光电测距仪既可组合又可分开使用,而光电测距仪又可与相应厂家的一些光学经纬仪配套使用。由于整体式仪器只需一次瞄准就可测出角度和距离,作业起来更方便些。

三、微型计算机的软件

使用计算机决不意味着简单地使用计算机硬件设备,软件是同等重要的。由于计算机制造技术的发展，硬件设备的性能愈来愈强，售价却直线下降，相比之下，软件的开发费用却在增加，这是一个值得计算机用户们重视的问题。

另一方面，计算机软件极易移植、复制，使得软件开发者们能以远低于开发成本的价格将软件转让给其他用户使用。尤其对于微型计算机来说，由于微软公司的远见卓识，经常向用户们无偿公布大量高效的系统软件，既拓宽了微机的销售市场，也促进了微机软件开发事业的发展。至今，微机的软件资源已经极为丰富，针对任何一个计算机应用的工作领域，都可以购买到相应功能的商品软件，这为广大微机用户提供了极大的方便。

计算机软件大致分为三个层次，即操作系统、程序设计语言和应用软件。

（一）操作系统

操作系统是一组指挥计算机基本操作的程序和子程序，是用户和电子元件的接口。用户一般通过操作系统来控制计算机，也就是说，用户使用程序设计语言编制或运行应用软件时，实际上是在使用操作系统。

微机使用的操作系统很多，最常见的是 MS-DOS 或 PC-DOS，是由 Microsoft 公司售给 IBM 公司的。DOS 是 Disk Operation System 的缩写，意为磁盘操作系统。与 DOS 相应的中文操作系统是 CCDOS。MS-DOS 是单用户操作系统，在 PC386 以上的微型机还可以运行多用户分时操作系统，比较成熟的有 UNIX 等。

Microsoft 公司在 1985 年推出了多任务、多窗口操作系统 WINDOWS，把微型计算机操作系统发展到了一个新阶段。WINDOWS 融桌面排版、网络应用、图像处理、绘图、音乐处理和多媒体技术为一体，使微型机变得更易操作和实用。WINDOWS 所定义的图形界面已成为微型计算机人机界面对话的标准。目前微软公司推出的新的视窗操作系统使用更快捷、方便。

（二）程序设计语言

设计数据处理软件或进行其他计算机开发工作时需要使用程序设计语言。

1. 汇编语言

汇编语言是直接面向机器的低级语言，它的语言就是具体机器指令的助记符，即指令名称的英文缩写。如果设计得当，汇编语言程序的运行模块量小，能充分利用计算机的全部资源。但是由于汇编语言过于具体化，因而因机而异，通用性差；而且要求设计者具有较多的硬件知识，编制的程序也不易识读，编制大型软件很困难。故而汇编语言常被专业软件公司用于开发系统软件，当某些高级语言功能欠缺时，也常用汇编语言编写成功能子程序供补充调用，如图形显示、外围设备驱动、数据通讯，等等。

2. 高级语言

为克服汇编语言繁琐、编程困难的缺点，可以使用自动化程度较高的高级语言。高级语言由表达各种意义的"词"和"数学公式"按照一定的"语法规则"组成，与具体的物理机器无关或关系很小，清晰简练，易学易用，通用性也好，易于在不同类型计算机之间移植。常用于数据处理的高级语言简单介绍如下几种。

BASIC 语言是一种通用性的交互式程序设计语言，简单而实用，易于编制和调试程序，深受初学计算机用户的欢迎。原先的 BASIC 语言是解释型语言，运算速度比较慢，语言表达也是非结构化的。值得一提的是，近年来广泛应用的新型 BASIC 版本，如 Turbo

BASIC、Quick BASIC、Viscal BASIC 等，不但功能很强（某种程度上讲已是无所不能）、使用方便（集编程、解释运行、编译操作为一体），而且易写易读，基本上结构化，是值得大力推荐的。

FORTRAN 语言是一种广泛流行的编译型算法语言，适用于科学计算，具有标准化程度高、执行效率较高等优点。但 FORTRAN 语言的非数值运算功能较弱，如字符处理、图形处理、外围设备驱动和数据通讯等，往往需要借于其他语言（如汇编语言）编写功能子程序。就 FORTRAN 语言来说，在很多方面的性能都劣于 TURBO BASIC 之类的新型 BASIC 语言。不过，我国测绘界学过 FORTRAN 语言的用户较多，形成一种经验惯性；另外由于国内外已发表的计算算法和计算机制图程序很多是用 FROTRAN 语言编写的，因此 FOR-TRAN 语言对于地籍数据处理仍有较大的应用价值。

C 语言是近年来最为人们重视的一种高级语言，它既具有汇编语言的基本特性，又具有高级语言的优点，简洁灵活、表达能力强、目标代码质量高、通用性好。C 语言是一种系统程序设计语言，又具有丰富的数据类型和数据结构，具有较强的数值运算和图形处理能力，故而对于处理地籍数据工作是十分理想的。

(三) 应用软件

微机的应用软件种类繁多，应有尽有，下面介绍与地籍测量有关的几种：

1. 关系数据库管理系统 DBASE

DBASE 是一种适用于各种微型计算机的、受到用户普遍欢迎的小型关系数据库管理系统。

DBASE 用于管理大量的数据库文件并提供强大管理功能，供用户编制应用程序为其应用目的服务。具体地说，DBASE 允许用户定义或修改数据库文件的结构，提供了一组语句来向数据库文件添加、插入、删除记录或替换记录中某些字段的内容，可以对数据库文件中的数据方便地进行各种检索、排序、统计、求和等常用操作。DBASE 还可与高级语言和其他应用软件以数据文件的形式交换数据。

近几年在微型电子计算机上广泛使用的关系数据库管理系统 FOXBASE 和 FOXPRO，就是在 DBASE 的基础上扩充增强的。

2. 交互式绘图软件 AUTO CAD

AUTO CAD 是一个通用性的交互式绘图软件，在电气、机械、土木等工程领域有着广泛的应用，还被国内有的单位用于测绘专业工作。

AUTO CAD 的绘图功能很强，使用方便。操作采用人机对话方式，输入键盘命令或使用数字化仪选择菜单，然后操纵十字光标定位或绘制各种图形。每个图形单元都可以进行旋转、缩放、插入、增删、修改等编辑处理。按要求还能输出立体图、阴影图等图分页存入磁盘。

AUTO CAD 亦可以数据文件的形式与高级语言或其他应用软件交换数据。

3. 地理信息系统（GIS）软件

20 世纪 80 年代起就有商品化的 GIS 软件出现，在 1990 年有报价的已多达 70 种。我国用户比较熟悉的 GIS 软件有：ARC/INFO、GENAMAP、SYSTEM9、MICROSTATION、MAPINFO 等，多数可以在高档微型计算机上运行。

其中，美国 ESRI 公司开发的 ARC/INFO 推出较早，用户最多，按 1992 年全世界 PC—

GIS市场测估，ESRI独占19.4%，ARC/INFO是由描述地图特征和拓扑关系的ARC系统和记录属性数据的关系数据库管理系统INFO（与DBASE基本兼容）结合而成，兼顾了空间数据和非空间数据这两种不同性质的数据的特点，有效实现了操作、处理和管理。ARC/INFO微机版本由六大模块组成：STARTER KIT——数字化和地图生成、建立属性表、通讯以及绘图；ARCEDIT——交互式编辑复杂图形；ARCPLOT——地图的交互式生成；NETWORK——优化路径、定位、分区和地址匹配；DATA CONVERSION——数据转换。

第三节 地籍数据结构

数据结构是数据在计算机存储器中的组织形式。利用计算机处理大容量的数据时，只有设计采用了尽可能优化合理的数据结构，才能实现高效率。甚至，过于简单或有缺陷的数据结构会使计算机处理工作无法实行。

本节将对地籍数据结构作初步讨论，这些基本知识对于地籍数据处理的算法设计是很有用的。在可能的情况下，读者还应当阅读有关专门的数据结构教材，以获得这方面的相关知识。

一、地籍数据的构成

地籍管理的基本单元是一宗地，引用数据管理的术语，每个宗地都是"实体"。宗地的权属、类别、质量，以及地理位置、几何形态分别称为实体的"专题属性"和"地理属性"。相应地，我们将地籍数据分为三个类别，其中两类分别是与专题属性和地理属性相对应，称为地籍专题数据和地图（理）数据；第三类是关系索引数据，用于表示地籍专题数据和地图数据的对应联系。存储在计算机中的地图数据称为数字地图。地图数据是地籍数据的基础部分。

将地籍专题数据和地图数据适当地组织在计算器存储器中，并以关系索引数据加以联系，这就是地籍数据结构的总体性描述。在三类地籍数据内部，还有着各自更深入、更具体的数据结构。

三、基本数据结构

（一）表

表是一种最简洁、最常用的数据结构。

1. 线性表

线性表是有限个数据元素的序列。每个数据元素描述一个实体即数据处理的基本单位，由若干表达实体属性值的数据项组成；一张表就描述了一个实体集。表8-1是一张有3个数据元5个数据项的地籍调查表（已经简化）线性表。

一张线性表　　　　　　　　　　表8-1

地籍号	法人代表	权属性质	地类号	使用期限
3—48	张 扬	国有土地使用权	50	长期
3—49	刘有德	集体土地所有权	11	3年
3—50	王 刚	集体土地所有权	42	10年

直观地看，每个数据元素占表的一行，称为记录；每个数据项占表的一列，又称字

段。

线性表可用于表示"关系"。在数据库理论中，关系有其数学定义，但从另一角度来看，关系就是一张像表 8-1 那样的二维表。用关系定义的关系数据模型是数据库管理的三大数据模型之一，对于地籍文字资料的管理非常有用。著名的 DBASE 就一种微机关系数据库管理系统。

但在线性表中插入或删除一个记录，平均地要移动表中的一半记录，当表中记录数较多时效率很低。

2. 堆栈

堆栈是一种特殊的线性表，其特点是元素的增删只可在表的某端、而不可在中间或另一端。可增删的一端称顶，另一端称底。

栈底是固定的，栈顶则随着元素的增减而变化，故堆栈是从底向上生长的表。栈的一个重要性质是"后进先出"，即后增的元素先被访问到。栈顶生长超过允许的容量时称为"溢出"。栈顶位置必须用一个指针来指示。

运行高级语言程序时，所有嵌套结构，如子程序调用、IF-END-IF、FOR-NEXT 等，均需使用堆栈来实现。以子程序调用的嵌套来说，每次调用子程序时均将返回地址增添到栈顶（习称推入堆栈），每次子程序执行完毕时必须取一个最后推入的返回地址，这是堆栈应用最典型的实例之一。

允许过程的递归调用是某些高级语言（如 C 语言）的优点之一，因为递归往往使算法简洁易读。在不允许递归的高级语言（如 BASIC 语言、FORTRAN 语言）中借助于堆栈，也可实现递归的算法。

3. 队列

队列也是一种特殊的线性表，其特点是元素的增加只可在表的一端进行，该端称队尾，而提取元素只可在表的另一端，该端称为队首。

队尾超出规定容量时亦造成溢出。若队首还有余量而队尾溢出，称为"假溢出"，解决方法是构造所谓"循环队列"。

4. 链表

除堆栈和队列外，线性表元素增删的工作量都很大。如果为每个数据元素构造两个域，一个是数据域，存放该元素的各个数据项，另一个是链域（或称指针域），存放上一个元素的存储地址，这样的表就叫链表。链表中数据元素的存储单元可以是不连续的，因此增删元素时不需移动其他元素，只需修改相应指针。

（二）树

树是一种非线性结构。在树结构中，有且仅有一个数据元素没有前趋，并称为根，其他元素则有且仅有一个前趋；所有元素均可有零至若干个后继，无后继的元素为叶。树在计算机中的存储结构通常是链表。

图 8-6 是中国行政区划简图。实体"中央"可以与所有省市实体发生"领导"性联系，实体"江苏省"与实体"南京市"、"苏州市"、……等的关系亦然；反之，"苏州市"只与"江苏省"发生被领导的联系，而不与别的省市实体有同样的联系。这种联系就形成树。

用树形结构表示的层次数据模型，也是数据库管理的三大数据模型之一。如图 8-7 所

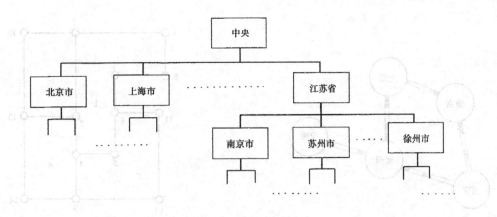

图 8-6 中国行政区划

示的国家地籍档案分类体系,就必须用层次数据库来管理。

（三）图

图是比线性表和树更为复杂的数据结构。在图中,数据元素都称为结点;所有结点相互间都可发生联系,这时我们称两结点间有边连结。若所有边与两端结点的顺序有关（即有前趋和后继之分）,这样的图称有向图;两类边共存的图称为混合图。

显然,线性表和树都是特殊类型的图。

图 8-8 表示了上海附近各城市之间的铁路交通,从一个城市出发,可以经不同的铁道线通达另一个城市。这种联系无法用线性表或树来表达,只可使用图。

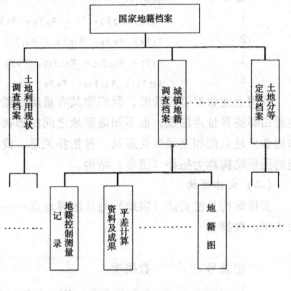

图 8-7 国家地籍档案分类体系

前面已介绍过数据库管理的层次模型和关系模型,此外还有一种网络模型,这种模型是建立在图的结构基础上的。地图数据宜采用网络模型进行管理。

三、矢量地图数据结构

点、线、面是构成地图图形的基本要素,它们在计算机内有两种表示方式:矢量方式和栅格方式。在矢量方式下,人们用平面直角坐标 (X, Y) 一个点,用点的序列 (X_1, Y_1), (X_2, Y_2), ……, (X_n, Y_n) 来表示一条曲线。而在栅格方式下,图形是用以行和列为下标的二维数据矩阵来表示的（参见图 8-1）。地图图形两种不同表示方式的数据结构也是完全不同的。因为矢量是目前地籍测量工作中应用的主要方式,所以下面只讨论矢量地图数据结构（简称图形结构）。

（一）顺序结构

顺序结构是最简单的图形结构。如图 8-9 所示的一个地区块,用顺序结构的数据为

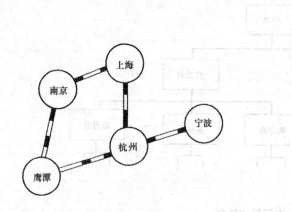

图 8-8 铁路交通网络

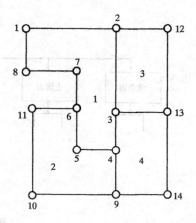

图 8-9 一个宗地区块

记录号	数据项
1	$x_1y_1, x_2y_2, \cdots, x_8y_8, x_1y_1$
2	$x_4y_4, x_9y_9, x_{10}y_{10}, x_{11}y_{11}, x_6y_6$
3	$x_2y_2, x_{12}y_{12}, x_{13}y_{13}, x_3y_3$
4	$x_{13}y_{13}, x_{14}y_{14}, x_9y_9$

利用上述数据可以绘图,我们称其有量度性能(或定位性能)。但是我们不知道某宗地是由哪些界址点围成,也不知道宗地之间的邻接关系,因而称其不具有分析性能。由于宗地和界址点的相互邻接关系是一种拓扑关系,我们称分析性能为拓扑性能,具备拓扑性能的图形结构称为拓扑(图形)结构。

(二)实体结构

实体结构是使实体(宗地)与外围界址点一一对应的图形结构,仍以图 8-9 的宗地区块为例,数据为

记录号	数据项
1	$x_1y_1, x_2y_2, \cdots, x_8y_8, x_1y_1$
2	$x_{11}y_{11}, x_6y_6, x_5y_5, x_9y_9, x_{10}y_{10}, x_{11}y_{11}$
3	$x_2y_2, x_{12}y_{12}, x_{13}y_{13}, x_3y_3, x_2y_2$
4	$x_3y_3, x_{13}y_{13}, x_{14}y_{14}, x_9y_9, x_4y_4, x_3y_3$

很显然,这种结构也比较简单,对于宗地数据的检索和处理是比较方便的。但是这种结构要重复存储宗地之间的公共界址点,而且难以检索相邻宗地的邻接关系,因此也不是拓扑结构。

(三)索引结构

索引结构是顺序结构的一种改进。譬如可将顺序结构和实体结构结合起来,即在结构的基础上加上宗地索引。仍引上例,顺序结构部分为

记录号	数据项
1	x_2y_2, x_3y_3
2	x_3y_3, x_4y_4

3		x_4y_4, x_5y_5, x_6y_6
4		x_6y_6, x_7y_7, x_8y_8, x_1y_1, x_2y_2
5		x_4y_4, x_9y_9
6		x_9y_9, $x_{10}y_{10}$, $x_{11}y_{11}$, x_6y_6
7		x_2y_2, $x_{12}y_{12}$, $x_{13}y_{13}$
8		$x_{13}y_{13}$, x_3y_3
9		$x_{13}y_{13}$, $x_{14}y_{14}$, x_9y_9

索引部分为　　记录号　　　　数据项
　　　　　　　1　　　　　　1, 2, 3, 4
　　　　　　　2　　　　　　3, 4, 6
　　　　　　　3　　　　　　1, 7, 8
　　　　　　　4　　　　　　2, 5, 8, 9

（四）双重独立式结构

这是一种拓扑结构，它用起终界址点号及左右宗地号来定义每一条界址边。例如图8-9中的界址边（2，3）：

　　　　起界址点2，终界起点3，左宗号3，右宗号1

若首尾交换则得界址边（3，2）：

　　　　起界址点3，终界址点2，左宗号1，右宗号3

整个区块的数据结构见表8-2。

按 DIME 结构组织的宗地区块数据　　　　　　表 8-2

起点	终点	左宗号	右宗号	起点	终点	左宗号	右宗号
1	2	0	1	9	10	0	2
2	3	0	1	10	11	0	2
3	4	4	1	11	6	0	2
4	5	2	1	2	12	0	3
5	6	2	1	12	13	0	3
6	7	0	1	3	8	4	3
7	8	0	1	13	14	0	4
8	1	0	1	14	9	0	4
4	9	4	2				

这种结构对于宗地、界址边以及它们邻接关系的检索都不难，适用于地籍管理。最早，这种结构是由美国人口统计局用于进行人口普查分析和制图的，称为双重独立式地图编码法（Dual Independent Map Encoding，简写为 DIME）。

双重独立式结构是一种普遍应用的拓扑图形结构。当然人们在具体应用中对它进行了不少改进。

第四节　地籍数据处理算法

以合适的数据结构为基础，确保地籍数据处理工作高效进行的另一重要环节是算法的选择。

一、数据检索

检索就是查找,与下面将讨论的数据排序关系密切,两者都是地籍数据处理工作中常遇的技术问题。

检索通常是根据给定的某值,在一个线性表中查找以该值作为某特定字段值的记录位置。一般应当根据关键字来检索,关键字是指能惟一标记一个记录的字段集,如表 8-1 中的"地籍号"字段。

基本的检索方法有顺序检索、折半检索和比例检索等。

(一) 顺序检索

顺序检索是在线性表中从头开始,逐个记录地检查,直至找到指定数据项所在的记录位置(检索成功),或者已经查完全部记录而未找到(检索失败)为止。

顺序检索的效率很低,假定目标所在的记录位置是随机的,则找到目标所需查对的平均记录数为总记录数的一半;而且若检索失败,则需查对全部记录。如果数据元素是已按关键字有序排列,应当使用以下的检索方法。

(二) 折半检索

折半检索只可应用于有序表,即数据元素是已按关键字的大小顺序排列而构成的表。以下讨论中假设关键是按序递增的。

设有序表的记录数为 N,第 1 记录的关键字值为 $KEY[1]$,我们要设头、中、尾 3 个指针 $HIGH$、MID 和 LOW,检索步骤是:

(1) 置 $LOW = 1$,$HIGH = N$

(2) 折半,置 $MID = TNT(LOW + HIGH)/2$

(3) 比较 $KEY[MID]$ 和 K,如果相等则检索成功,输出 MID;如果不相等,则若

$$KEY[MID] > K: 取 HIGH = MID - 1$$
$$KEY[Mid] < K: 取 LO = MID + 1$$

(4) 比较 LOW 和 $HIGH$,如果

$$HIGH \geq LOW: 从第 2 步开始重复;$$
$$HIGH < LOW: 检索失败,退出$$

若比较 m 次,可以检索完长为 $\sum_{i=1}^{m} 2^{i-1} = 2^m - 1$ 的线性表。假定每个元素的查找概率相等,可求出检索的平均比较次数约为 $\log_2(n+1) - 1$,可见比顺序查找的平均次数 $\frac{n}{2}$ 少多了。

(三) 比例检索

比例检索的应用场合及效率与折半检索差不多。如果有序表的关键字是数值或可数值化的,我们可以不折半,而是置

$$MID = LOW + \frac{K - KEY[Low]}{KEY[HIGH] - KEY[LOW]}(HIGH - LOW) \tag{8-1}$$

当关键字的值在 $KEY[1]$ 和 $[N]$ 之间均匀分布时,比例检索法可取较好效果。

(四) 其他检索方法

顺序检索方法效率最低,但最为简单的,对表的结构没有要求;折半检索法(或比例

检索法）效率较高，检索对象必须是有序表。

如果经常要增删表元素，折半检索法的效率就会降低，因为需要经常对表元素顺序调整以保持表的有序性。这时我们可以使用分块检索法，将表中元素均匀地分成若干块，每块中元素任意排列，块与块之间必须有序，即某块中所有元素必须都小于（或都大于）下一块中所有元素。检索时先以折半检索法确定目标大块，然后以顺序检索法找到目标的具体位置。每块的存储单元留有适当余量，方便于元素的增删。

分块检索法是介于顺序检索法和折半检索法之间的一种方法。该法在地籍数据处理中还有一个应用，是用于二维坐标点（控制点或界址点）的检索。方法是将二维坐标点按 X（或 Y）分块排序，检索时先按 X 值确定块号，再在该块内同时按 (X, Y) 顺序检索找到目标。

如果关键字是数值（或可数值化）且其分布稠密而均匀，而计算机内存中尚有足够容量，可直接按其值计算每个元素的存储位置，这样可免去绝大部分排序和检索的工作量。

【例 8-1】 设某街坊界址点编号为 1~1000，中间有 310 个空号，即实际点数为 690。以数组储存这些界址点的信息时，如果存储空间允许，可以开设 1000 个单元，以使数组下标与点的编号一致。

【例 8-2】 有 100 个距离，按长度排序后的结果是

$$5.38, 5.67, 5.95, 6.13, \cdots\cdots, 29.14$$

若 100 个距离分布完全均匀，其间隔应为 $(29.14-5.38)/99 = 0.24$，我们可由此计算出 100 个储存单元的序号为 Int $\{1.5+（长度值-5.38）/0.24\}$，即将长度值在下列区间

$$[5.26, 5.50), [5.50, 5.74), [5.74, 5.98), \cdots\cdots, [29.02, 29.26)$$

的距离值分别存入 1、2、3、……、100 号单元就可以了。但由于这距离分布不均匀，产生了"冲突"现象，如 5.76、5.95 在 3 号单元冲突，2 号单元则无元素可存。增加存储单元数量、减小距离间隔，可以减小冲突，直至消除（只需取用距离序列的最小间隔）。适宜的间隔应是不过分浪费存储单元，而允许小量冲突。我们可在产生冲突的单元里置一个为可能值（如 -1），而将冲突的距离值存入 101 号以后的单元里，检索时如果得到不可能值，便去 101 号以后的单元里顺序查找。

类似的确定存储单元地址和处理冲突的方法还有很多，这方面的内容可参阅《数据结构》等有关书籍。

二、数据排序

排序又称分类，是数据处理工作的重要组成部分。排序的作用是为了提高检索的效率。

待排序的数据可以是在计算机内部存储器里，也可以是在磁盘、磁带等外部存储器里，相应的排序工作称为内部排序和外部排序。这里主要讨论内部排序的常用方法，对于外部排序也是基本适用的；但由于外部排序时数据记录在内、外存储器之间频繁移动，耗费的机时远大于内存中记录移动的机时，因而两类排序的差别也是十分显著的。

（一）冒泡法

冒泡法是一种比较简单的内部排序法，"冒泡"形象地比喻了关键字较小的记录往前移动（仍约定是由小到大排序）的排序过程。

设对实型数组 R（1）……，R（N）进行排序，取 X 为暂存变量，可写出扩展 BASIC

语言的冒泡法程序如下：

FOR $I = 2$ TO N
    $X = R(I) : R(0) = X : J = I - 1$
    WHILE $X < R(J)$
        $R(J+1) = R(J)$
        $J = J - 1$
    END
    $R(J+1) = X$
NEXT I

该法的基本思想是：设 $R(1)$，……，$R(I-1)$ 是有序的，要将 $R(I)$ 插入其中，使插入的第 I 个元素仍是有序的。I 从 2 开始，逐个增加至 N。因此冒泡法排序也称直接插入法排序。

如果寻找插入位置时不是顺序地逐个比较而是采用折半检索法，速度可以提高一些，这样的排序方法称为折半插入法。

（二）快速排序法

插入排序需频繁移动记录位置，平均移动次数为总记录平方 n^2 的数量级。还有许多其他的排序方法，记录移动的平均次数也在这个数量级。

快速排序法的基本思想是通过分部排序来完成整个表的排序。先从最后一个元素 $R_{t=n}$ 开始往前与 R_0（开始时 $L=1$）比较，设 $t = n, n-1, ……$，若有 $R_t < R_l$，就交换两者，再从 R_2 开始往后与 R_t（原先的 R_t）比较，设 $l = 2, 3, ……$，若有 $R_l > R_t$，就交换两者。继续此过程直至 $l \geq t$，此时原 R_i 已到达最终位置，并将整个表分为两部分。两部分表可分别按上述方法进行排序，……，直至每部分只剩一个元素，排序才告结束。

    [46 55 13 42 94 05 17 70]

第一次分部过程为

      l r
    [17 55 13 42 94 05 46 70]
           l r
    [17 46 13 42 94 05 55 70]
              l r
    [17 05 13 42 94 46 55 70]
                  l r
    [17 05 13 42] 46 [94 55 70]

分别对两部分进行分部，依次可得

    [13 05] 17 [42]   [70 55]   94
    [05] 13   [55]   70

最终得到

    05 13 17 42 46 66 70 94

快速排序的程序最好是写成递归分部的形式。对于不允许递归的高级语言，可以设置堆栈来存放分部的首尾记录号,"后进先出"地接着再分部。

相比之下,快速排序法移动记录的平均次数仅为 $\log_2 n$ 数量级,要比"冒泡" n^2 小得多,应当说是目前内部排序方法中速度最快的一种。

（三）索引排序

排序工作必须频繁移动记录,而且每条记录往往含有较多的字段,占有较大的字节数,移动起来就很费时。解决此问题的有效手段是增加一个索引表,与待排序表具有相等的记录数;索引表中的记录内容仅是待排序表对应记录的存储单元序号（图 8-10）,故而只需一个字段,字节数的多少以能够表达所有的单元序号为原则;排序时只需移动索引表中的短记录而不需移动待排序表中的长记录。

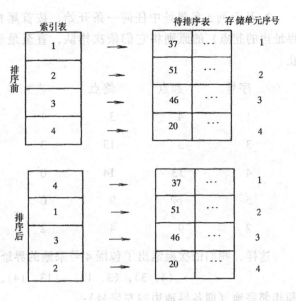

图 8-10 索引排序

三、地籍图形处理

地籍图形的处理是地籍数据处理工作中关键的一环。一般说来,图形处理的算法和图形数据结构是密切相关的,用顺序结构等不具备拓扑性能的数据结构组织的地籍数据仅可用于绘图（并且其结果未必理想）,很难进行诸如宗地面积计算、邻宗信息检索、乃至宗地的分割或合并等处理。本节的讨论都是以上节所介绍的 DIME 结构为基础的。

（一）宗地的检索

下面是检索图 8-9 中 4 号宗地的过程。

1. 检索表 8-2,找出所有满足

$$左宗号 = 4 \quad OR \quad 右宗号 = 4 \tag{8-2}$$

的界址点:

序号	起点	终点	左宗号	右宗号
1	3	4	4	1
2	4	9	4	2
3	13	3	4	3
4	13	14	0	4
5	14	9	0	4

2. 若已检索出的界址点中有左宗号为 4 的,将它们首尾交换

序号	起点	终点	左宗号	右宗号
1	4	3	1	4
3	9	4	2	4

| | 3 | 3 | 13 | 3 | 4 |

3. 从上列 5 条界址中任何一条开始，按首尾相接（前一条界址边的终点等于下一条界址边的起点）的原则将它们依次排队，直至最后一条边的终点等于第一条边的起点为止：

序号	起点	终点	左宗号	右宗号
1	4	3	1	4
3	3	13	3	4
4	13	14	0	4
5	14	9	0	4
2	9	4	2	4

这样，我们依次检索出了包围 4 号宗地的界址边（点）：

$$(4, 3), (3, 13), (13, 14), (14, 9), (9, 4)$$

和相邻宗地（即各界地边的左宗号）：

$$1, 3, 0, 0, 2$$

（二）拓扑编辑

宗地检索得到的第一条界址边起点必须与最后一条界址边的终点相同，这是界址边闭合条件。如果不闭合，其原因可能是缺少界址边。同时，也不允许出现多余的界址点。这样，计算机可以自动按照图形的拓扑关系进行数据编辑，有效地检查错误，我们称之为拓扑编辑。

以某界址点为起点的界址边可按左右宗地号依次排队，也存在着闭合条件，也可以进行拓扑编辑。

（三）邻接界址边的检索

绘制宗地图时，除了本宗信息外，还要求表示宗地的邻接关系（即四至关系）。在 DIME 结构里，相邻宗地号可以在宗地检索时一并得到，而与本宗邻接的界址边必须进行二次检索得到。

方法是：再次检索表 8-2，判断条件为

左宗号 ≠ 4 AND 左宗号 ≠ 4 AND（起点 = 本宗界址点 OR 终点 = 本宗界址点） （8-3）

如 4 号宗地的"本宗界址点"是

$$\{4, 3, 13, 14, 9\}$$

可以检索出

起点	终点	左宗号	右宗号
2	3	3	1
4	5	2	1
9	10	0	2
12	13	0	3

（四）变更处理

进行宗地的分割或合并处理时，首先要检索相关宗地的所有界址边。

设要在图 8-9 中增加界址点 15，以界址边（5，15）将 2 号宗地划分为 2–1 和 2–2，如图 8-11 所示。

为了数据格式的一致，宗地号为 2–1 和 2–2 在计算机内可实际编为 5 和 6。

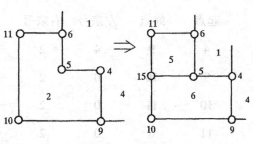

图 8-11　宗地分割

分割宗地 2 需要修改的界址边有

起点	终点	左宗号	右宗号		起点	终点	左宗号	右宗号
4	5	2	1	→	4	5	6	1
5	6	2	1	→	5	6	5	1
4	9	4	2	→	4	9	4	6
9	10	0	2	→	9	10	0	6
11	6	0	2	→	11	6	0	5

删除界址边

起点	终点	左宗号	右宗号
10	11	0	2

增加界址边

起点	终点	左宗号	右宗号
5	15	6	5
10	15	0	6
15	11	0	5

又设将图 8-9 中 1、2 宗地合并为 1 宗地，如图 8-12 所示。

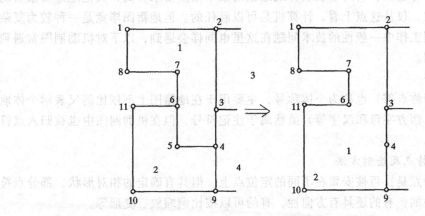

图 8-12　宗地合并

先删除界址点 5（界址点 4 不删除），然后修改界边

起点	终点	左宗号	右宗号		起点	终点	左宗号	右宗号
4	9	4	2	→	4	9	4	1
9	10	0	2	→	9	10	0	1
10	11	0	2	→	10	11	0	1
11	6	0	2	→	11	6	0	1

删除界址边

起点	终点	左宗号	右宗号
4	5	2	1
5	6	2	1

第五节 地籍图机助制图

从 1964 年由世界上第一台数控绘图仪绘出了线划地图之后，近三十年的时间内，随着计算机科学的发展，机助（地图）制图技术有了长足的进步。

机助制图技术在应用上有许多优越性，首先是可以加快地图的制作和更新，增强现势性，这一点对于地籍图尤为重要；其次，数字制图方法有更强的表现力，一个制图数据库或数据文件系统可以服务于广泛的应用目的，产品十分丰富，而不仅是在图纸上绘制图形；再则，从数控采集、数据处理和应用分析到图形输出。整个过程的自动化程度的提高，可大大改善测绘人员的劳动状况。

然而，迄今为止，机助制图的理论和方法尚未达到很完善的水平。从近几年国内有关单位在小型和微型计算机设备上进行机助制图研究实践的结果来看，计算机绘制的各种专题地图比普通地图更容易为人们所接受。

地籍图亦属于专题图，它对于权属界线绘制的数学精度要求较高，其他地形要素绘制要求处于次要地位，仅从这点上看，计算机是可以胜任的。但地籍图毕竟是一种较为复杂的地图，机助制图工作中一般性的技术问题在这里也同样会遇到，以下对机助制图常遇到的问题作简略介绍。

一、点状符号

点状符号（简称点符）也称为个体称号，主要用于在地籍图上不依比例尺表示个体地物。文字（数字、西方字母和汉字等）虽然属于注记符号，但在机助制图中也被归入点符之类。

（一）点符的特点及绘制方法

点符的共同特点是：可被安置在不同的定位点上，但具有确定的相对形状，部分点符的图形可以组合叠加，有的还具有方向性，有的可以按比例缩放、变形等。

如图 8-15 所示是地籍图上的三角形符号，该符号的定位点在三角形中心，它可按需要安置在地籍图图幅内任何位置，但它和三角形各点的相对位置是确定不变的。设以点 1 为参考点，各点的相对坐标增量（以 0.1mm 为单位）已标记在图上。绘图笔从点 1 起笔，经点 2、点 3，最后闭合点 1。

显然，我们可以编写一段简短的程序来绘出三角点符号。但在实际工作中，一般不采用针对每个个体点符分别编写程序段直接绘制的方法。

通常的做法是预先建立点符信息库。即将每个点符像图 8-15 那样分解成若干笔画，并将这些笔画和定位点相对于某参考点的位置信息以数字形式贮存在计算机外部存储器中，以点符的编码作为排列的索引。在应用中需要绘制某个点符时，只要从信息库中读出该点符的相对位置信息，进行缩放、平移、旋转、变形等处理后得到相对于定位点的坐标增量，加到定位点的坐标上，就得到了组成点符的各笔画的图上坐标。对点符位置信息进行上述处理的程序是通用性的，与具体点符无关。

（二）点符信息库的数据结构

点符信息库由图式符号库和文字库等独立的两部分组成。

1. 图式符号库

先将图式符号逐个地象图 8-13 那样数字化。若符号中包含有圆或圆弧，可将它们以正多边形来表示。对于直径为 1~22mm 的圆，边数取到 6~8 时，视觉效果已经相当好了。

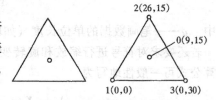

图 8-13　三角点符号的数字化

然后将笔画数据顺序地存到库文件中，每个符号对应着一个数据块。如图 8-15 所示三角点符号，其数据块中的内容可这样安排：

```
     1            符号的笔画数 ND
  9, 15           定位点的相对坐标 $X_X$, $Y_Y$
     4            组成笔画的点数 NP ⎫
  0, 0            第 1 点的相对坐标 X, Y       ⎪
 26, 15           第 2 点的相对坐标 X, Y        ⎬ 1 个笔画
  0, 30           第 3 点的相对坐标 X, Y        ⎪
  0, 0            第 4 点（即第 1 点）的相对坐标 X, Y ⎭
```

倘若符号的 $ND>1$，则类似地存储其他笔画信息。

2. 文字库

文字笔画组成方式与图式符号相同。差别只在于：我们不需要另行指定定位点的相对坐标，一律取在左下角，与参考点重合即可；另外，文字的大小尺寸是可以按需要变化的。

我们可用矩形网格来表示文字笔画（如图 8-14 所示），这些网格的纵、横线间隔作为相对长度单位，只表征诸笔画点相对位置的比例关系。实际应用中规定了具体的字高和字宽以后，纵、横线间隔才分别

图 8-14　文字笔画图

具有长度值。

（三）点符信息处理及及绘制包括以下几个内容：

先是初步处理，从点符信息库中读取点符信息并进行解译。初步处理的方法由具体点符信息库的数据结构所决定。

然后按照点符绘制的要求，采用一些通用性的方法对初步处理后的信息作进一步的处理，包括点符信息分析、图形旋转或缩放、字体字形、位置确定等。

最后将处理完毕的数据送到特定的绘图仪上。

下面讨论通用的处理算法

设图式符号定位点的图上坐标为 (X_x, Y_y)；符号中某笔画点的相对坐标为 (x, y)，图上坐标为 (X, Y)，则有

$$\left. \begin{array}{l} X = X_x + \mu x \\ Y = Y_y + \mu y \end{array} \right\} \tag{8-4}$$

式中 μ——笔画数据的单位长度（如取 0.1mm），在建库时规定。

若还要求对符号进行缩放和旋转变换，即缩放 R_a 倍，右旋 R_b 角（如图 8-15 所示），计算公式可一般性地写为

$$\left. \begin{array}{l} X = X_z + \mu R_a (x \cos R_b - y \sin R_b) \\ Y = Y_y + \mu R_a (x \sin R_b + y \cos R_b) \end{array} \right\} \tag{8-5}$$

但上式对于文字不适用，根据具体给定的字高 L_x、字宽 L_y 和右旋角 a，与上式类似的公式应为

$$\left. \begin{array}{l} X = X_a + (L_x \cos a - L_y \sin a)/N \\ Y = Y_y + (L_x \sin a + L_y \cos a)/N \end{array} \right\} \tag{8-6}$$

式中 N——建库时设定的网线数。

而且文字还可以进行变形，形成形体字或耸肩字，分别用于水系和山岭的注记，如图 8-16 所示。变形和旋转不会同时进行，但可以既变形又可缩放。设字体的右角为 β，约定

$$\begin{cases} 字体右斜 \beta 角 & 若 \beta \leq 45° \\ 字体右耸 90° - \beta 角 & 若 \beta > 45° \end{cases}$$

则变形变换可为

$$\left. \begin{array}{l} X' = \begin{cases} x & \beta \leq \dfrac{\pi}{4} \\ x + y\cos\beta & \beta > \dfrac{\pi}{4} \end{cases} \\ Y' = \begin{cases} y + x\tan\beta & \beta \leq \dfrac{\pi}{4} \\ y & \beta > \dfrac{\pi}{4} \end{cases} \end{array} \right\} \tag{8-7}$$

将 (X', Y') 代替（8-7）中的 (x, y) 即可得到图上坐标 (X, Y)。

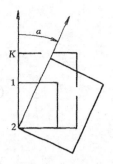
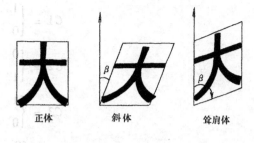

图 8-15 图式符号的
缩放和旋转

图 8-16 文字的变形

二、图形的剪取

在绘图仪等外部设备上输出图形时,需要将图廓线内外的部分分解开来,只绘出图幅范围内的部分。这工作称为图形的剪取,就像将图幅外的图形沿图廓线剪去一般。

图形剪取结果应当满足一个基本要求,就是:倘若将相邻图幅沿公共图廓线相接起来,图廓线两边的图形应能完全接合,就像同一幅图一般。这样,相邻图幅之间便不存在接边问题了。

图形剪取的内容归结为点的剪取和线的剪取。

按矩形图幅进行点剪取的方法非常简单。设给定的图廓坐标为 X_a、X_t、Y_l、Y_r(如图 8-17 所示),判断一个点是否属于图幅范围内,只要检查其坐标是否满足下式:

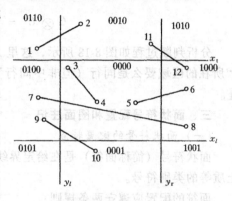

图 8-17 图形的剪取

$$X_a \leq X \leq X_t \quad 且 \quad Y_l \leq Y \leq Y_r \quad (8\text{-}8)$$

线的剪取就要复杂得多了,将一条线看成是一列彼此连接的线段(曲线亦然,只是组成的线段较短而已),则每个线段可能属于下述 4 种情形之一,如图 8-17 所示,各线段的截下部分加粗表示。

(1)整个线段在图外(如线段 1-2 和线段 11-12);

(2)整个线段在图内(如线段 3-4);

(3)线段的一端在图内,另一端在图外或恰在图廓线上(如线段 5-6);

(4)线段的两端均在图外或恰在图廓线上,但中间某部分在图内(如线段 7-8 和线段 9-10)。

线段剪取常用所谓的分区代码法,从原理上讲该方法亦适于点的剪取。分区代码法的基本思想是将 4 条矩形图廓线延长后将平面划为 3×3=9 个区域,每个区域用一个 4 位二进制代码来表示:

$$C = \sum_{i=1}^{i} C_i \times 2^{i-1} \quad (8\text{-}9)$$

其中 C_i 的剪取规定为(见图 8-17)

123

$$C1 = \begin{cases} 1 & X \leq X_d \\ 0 & X > X_d \end{cases}$$

$$C2 = \begin{cases} 0 & X < X_t \\ 1 & X \leq X_t \end{cases}$$

$$C3 = \begin{cases} 1 & Y \leq Y_i \\ 0 & Y > Y_i \end{cases}$$

$$C4 = \begin{cases} 0 & Y < Y_r \\ 1 & Y \leq X_r \end{cases}$$

(8-10)

在点剪取时，可将点的坐标代入式 (8-9) 求出其代码（即所在区域的代码）C，若 $C = 0$ 则点在图幅内。

线段剪取则按两端点（记为 P、P'）的代码 C 和 C' 的和、积，按位相结果来判定。这里以符号 $\otimes$ 表示二进制数的数位相乘，即

$$C \otimes C' = \sum_{i=1}^{n}(C_i \times C'_i) \times 2^{i-1}$$

(8-11)

分析判断过程如图 8-18 所示，这里 $C \otimes C' = 0$? 的判定很有用，如果不成立，则 P 和 P' 所在的区域要么是同行（但非中间行），要么是同列（但非中间列），故而线段必在图外。

三、面状符号配置和图面注记

（一）面状符号的配置特点

面状符号（简称面符）是在给定界线的区域范围内不依比例地、有规则地表示植被或土质等的类别符号。

面符的配置应遵守两条规则：

1. 面符在给定区域内呈斜方格状有规则排列，其纵横间隔一般为 20mm。不妨规定，面符配置点的图上坐标满足条件

$$\left. \begin{array}{l} x = 100I \\ Y = 200J + 50[(-1)^x + 1] \end{array} \right\}$$

(8-12)

上式中的 I、J 都是正整数，如图 8-19 所示。

2. 给定区域内所有满足式 (8-12) 的位置必须配置面符；同时不得在超出区域界线的位置配置面符。

（二）面符配置的多边形交点法

面符配置的常用方法是多边交点法。

首先提取给定区域的边界点列，这是一个闭合的多边形。考虑每一条图面纵坐标为 $100I$、且与多边形有交点，求出该横线与多边形的所有交点，设有 $2m$ 个，按横坐标递增的顺序依次编为 m 对：1，2；……；$2m-1$，$2m$。在每对编号为 $2k-1$，$2k$（$k = 1$，2，……，m）的交点之间的连线上，所有满足式 (8-12) 的位置都是面符配置点。

这方法在数学上是不严密的。主要缺点是：对于结构不同的图形数据库，提取区域边界点列的算法也不同；某些仅以绘图为目的图形库数据结构很简单，则取边界会很困难，

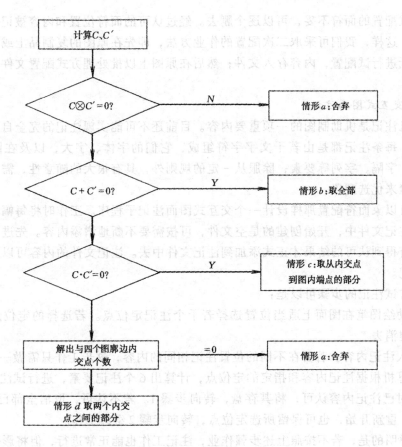

图 8-18 线段剪取算法框图

甚至不可能。另外，由于面符具有一定的面积，若严格地在按式（8-13）求出的点位上配置，有时会覆盖边界或其他要素（如图 8-19 所示，第 6 行第 4 列处和第 3 行第 3 列处），应作移位或省略处理。

（三）面符配置的交互式方法

我们可以设计一个独立的交互面符配置软件，它与负责其他要素绘制的软件无关，所以通用性好。

在图幅内其他要素绘制完成后进行交互式面符配置，工作原理是：使用光标驱动键驱动绘图笔在图幅范围内移动，纵横向步距是 20mm，倾向步距是 $10\sqrt{2}$mm，即绘图笔所经的

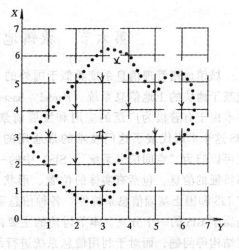

图 8-19 面符的配置

点位坐标总满足式（8-12），如果作业员认可，可以方便地试配置。若某个正确位置的面符因为覆盖其他要素而需要微量位移，可安排绘图笔作步距为 1mm 的非常移动方式。一旦退出非常方式，绘图笔将立即定位到最近的满足式（8-12）的点上，这样的作业设计将使作业员的主观因素得到充分发挥。

如果试配置的面符不妥，可以逐个删去。经过认可的面符位置和内容被记入一个面符配置文件。这样，我们可采取二次配置的作业方法，即先在原图的复制品上或在原图上蒙一张透明纸进行试配置，内容存入文件；然后在原图上以批处理方式配置文件中的全部内容。

（四）交互式图面注记

计算机注记是机助制图的一项重要内容。目前还不可能实现注记的完全自动化，以地籍图来说，每条注记都是由若干文字字符组成，它们的字体、字大，以及在图面上的字位、字向、字隔、字列等要素，除服从一定的规则外，具有很大的随意性，需要借助于绘图员的经验来优选配置。

我们可以象面符配置那样设计一个交互式图面注记子程序。工作时将每幅图的注记内容存放在注记文件中，开始创建的是空文件，可按需要不断地增添内容。先进行交互式试注记，只有得到认可的结果才正式添加到注记文件中去。注记文件的内容可以用批处理方式重复注记。

交互式试注记的步骤可以是：

1. 驱动绘图笔在图面上适当位置选择若干个注记定位点。若选择的定位点不妥，可使用退格键消去。

2. 输入注记内容。若要在不同的位置注记相同的内容，这步工作只需做一次。

3. 计算机根据注记内容和指定的定位点，计算出 6 个注记要素，进行试注记。

4. 若对已注记内容认可，将其存盘，转向步骤 1。若不认可，取消全部已选定位点，转向步骤 1 重新开始，也可保留所选定位点，转向步骤 2 继续工作。

需要说明的是，若不按照上述步骤作业，注记工作也能正常进行，但将影响到作业的效率。这也正是交互式处理的优点之一。

第六节 城镇地籍管理信息系统简介

城镇地籍管理信息系统类似于国外的"多用途地籍系统"，(Multi-purpose Cadastres)或基于地块的土地信息系统（Parcel-based LIS），属于地理信息系统（GIS）的范围。GIS技术由于有着极为广泛的应用和发展前景，所以成为世界上有关科技研究的热门话题。GIS 这个术语代表了这门技术的最通用的名称，也可以称其为"资源与环境信息系统"。它可以归为"空间信息系统"（SIS）中的一种。所谓的空间信息是指反映地理实体空间分布特征的信息，包括有实体的位置、形状、实体的空间关系等。属于（SIS）的除 GIS 还有 LIS 和国土基础信息系统等。各种信息系统的基础都是数据库的建立。当然 LIS 可以说是属于 GIS 的一个分支。本节讨论的主要内容是在建立数据库方面所应用的数据模型和数据结构等问题，而对于利用信息系统进行综合分析、规划和决策等技术问题尚不作介绍，下面主要介绍一下土地（地籍）信息系统（LIS）方面的有关内容。

一、建立地籍信息系统的必要性

地籍信息是包含了各地块的空间位置、权属性质、土地类别和使用状况等诸多要素的集图形与属性管理为一体的信息系统。由于地籍信息量大，包含的内容繁杂，而且具有时间性，因此，管理难度很大，传统的管理方法已不能满足地籍管理的需要，这就迫切需要用现代的计算机技术和地籍管理工作相结合，建立起地籍管理信息系统，让城镇地籍管理中各环节的工作在地籍数据库的支持下形成一体化。

二、目前我国地籍管理信息系统的发展概况

为科学地管理地籍资料，保障地籍资料变更的现势性，加强对土地资源的评估与利用，从事这方面工作的许多学者致力于地籍信息系统的研制，相继出现了地籍测量成图系统、基于 Micro Station 地籍管理信息系统到研制独立的地籍管理信息系统等几个阶段的软件系统。

地籍测量成图系统是第一代地籍管理系统软件，它主要是面向测绘部门的，武汉大学的吉奥之星、国家土地管理局的基于 CAD 的地籍成图系统都是同一时期的产品，其主要功能是用计算机成地籍图，没有建立地籍数据库，对属性没有管理，这类系统不能满足土地部门的需要，但在一定程序上改善了地籍测绘的复杂性，避免了许多重复的计算工作，减轻了手工作业的工作量，在初始的地籍调查工作中起到一定的作用。

第二代产品向两个方面发展，一种是为了土地部门而设计的地籍管理信息系统，这种系统有一定的数据管理能力，在一定程度上改善了第一代产品在地籍信息管理方面的缺点，建立了地籍管理数据库，减轻了地籍管理的难度。但这种产品的图形管理能力太弱，无法满足地籍测绘工作的需要；另一个方面则是在吸收第一代产品优点的基础上作进一步的改进，如基于 Micro Station 的地籍管理信息系统，这个系统具有较强的图形处理能力，也建立了一定的属性数据库，但空间数据库和属性数据库没有统一起来，因此亦也不能满足土管部门的需要。

第三代产品是在总结以前系统的优缺点基础上而产生的，在软件设计上考虑到用基于 WINDOWS 的 VC 或 Delphi 等作为开发环境，有的系统甚至直接在 Unix 操作系统下编写程序，这说明软件的设计者们有很高的战略眼光，同时，也为软件今后的发展打下了良好的基础。在软件的功能上不仅考虑到土管部门的需要，也考虑到地籍测绘的需要，同时建立了空间数据库与属性数据库，并且也建立了这两种数据库的连接关系。确保地籍管理工作能在地籍管理信息系统的统一管理下，科学地、有效地、有计划有秩序地完成。当然这种系统由于图形管理都是自己设计的，在图形编辑功能上还达不到 AUTO CAD 或 Micro Station 的图形管理水平，因此如何提高系统图形的编辑能力与编辑速度，缩小与 AUTO CAD 等系统在图形处理方面的差距，是目前这些系统应主攻努力的方向。此外在土地利用、土地分等定级等方面的工作还没有真正走上正轨，如何科学地做好这方面的工作还有待进一步的研究。

三、地籍管理信息系统研究的主要内容

地籍信息系统的研究与 GIS 系统研究有很多类似之处，目前我国的学者主要是研究地籍数据库的数据模型和数据结构，对图形的描述、编辑、生成等方面也做了很多的研究，但在空间分析方面，如土地分等定级、土地利用的综合分析、决策分析等方面的研究还很不成熟，因此地籍管理信息系统的研究仍处在初级阶段，下面就如何研制地籍管理信息系统等方面的内容简单地剖析一下。

（一）**数据模型的研究**

数据模型是描述数据的内容和数据之间联系的工具，它是衡量数据库能力强弱的主要标志之一，所以用一个好的数据模型设计数据库也是设计的核心问题之一。数据模型可以

分为传统模型与面向目标数据库模型。

传统数据模型有：层次模型、网络模型、关系模型。

层次模型是以记录类型为结点的有向树或森林，其主要特征是，除根结点外任何结点只有父结点。父结点表示的总体与子结点的总体必须是一对多的关系，即一个记录对应于多个子记录，而一个子记录只对应于一个父记录。层次模型不能表示多对多的联系，在 LIS 中或若只采用这种层次模型将难以顾及数据共享和宗地间的拓扑关系，而且还会导致数据冗余度增加。

网络模型是由 CADASYL 发展起来的一种数据模型，用于设计网络数据库。网络模型是以记录类型为结点的网络结构，网络与树有两个非常显著的区别：①一个子结可以有两个或多个父结点；②在两个结点之间可以有两种或多种联系。在网络模型的术语中，用"络"（set）表示这种联系。所谓络就是一棵二级树，它的根称为主结点，它的叶称为从结点。络有型与值之分：络类型（型）表示记录类型之间的联系；络事件（值）表示记录值之间的联系。对每一个络类型都必须命名，以相互区别。

在基于矢量的 LIS 中，图形数据通常采用拓扑数据结构，这种结构非常类似于网络模型（Molenaar, 1990），但拓扑结构一般采用目标标识来代表网络连接的指针。

关系模型是将数据的逻辑结构归结为满足一定条件的二维表，亦称关系。一个实体由若干关系组成，而关系表的集合就构成了关系模型。关系表可以表示为

$$R(A_1, A_2, \cdots\cdots, A_n)$$

其中 R 为关系名或称关系框架，A_i（$i=1, 2, \cdots\cdots, n$）是关系 R 所包含的属性名，表的行在关系中叫做元组（tuple），相当于一个记录，表的列叫做属性，所有的元组都是同质的，即有相同的属性项。一个关系作为一个同质文件单独存储，一个有 n 个关系表的实例需要建立 n 个文件。关系模型的最大特色是描述的一致性，对象之间的联系不是用指针表示，而是由数据本身通过公共值隐含地表达，并且利用关系代数和关系运算来进行操作。

关系模型具有结构简单灵活、数据修改和更新方便、容易维护和理解等优点，是当前数据库中最常用的数据模型。大部分 GIS 中的属性数据亦采用关系数据模型，有些系统甚至采用关系数据库管理系统管理几何图形数据，如 System9 等。

然而，关系模型在效率、数据语义、程序交互和目标标识方面都还存在一些问题，特别是在处理空间数据库所涉及的复杂目标方向，关系模型显得难以适应（Lee, 1990）。

面向目标方法也称面向对象方法，是为了克服软件质量和软件生产率低下而发展起来的一种程序设计方法。面向目标的定义是指无论怎样复杂的事例都可以准确地由一个目标表示，这个目标是一外包含了数据集和操作集的实体，它不仅具有能描述复杂对象的能力，而且它还具有对数据封装、继承等特点，便于对目标进行分类、概括等操作，这对于描述 GIS 中的复杂对象将起到十分重大的作用。

（二）数据结构的研究

目前在地籍管理信息系统中，数据的拓扑关系主要采用的有：多边形环路结构、边拓扑结构、链拓扑结构和边、链的混合结构等，在图形描述上主要采用矢量结构，由于微机中的资源还很有限，在基于微机的 LIS 中还没有采用栅格式结构，但由于栅格式结构有利

于空间分析，因此，在 SUN 等工作站上运行的 GIS 栅格式结构使用较为普遍，有的还使用栅格与矢量混合的结构。

在数据拓扑关系的建立方面，根据拓扑学的理论，一个图的诸元素（结点、弧段、面域）之间存在着两类二元关系：拓扑邻接和拓扑关系。拓扑邻接关系存在于一个图的同类型元素之间，例如一个图的每条边（弧段）的端点（结点）偶对集合和位于每条边两侧的面域偶对集合分别形成点邻接关系和面域邻接关系。关联关系存在于图形的不同类型的元素之间，同时也可以在结点与面域之间建立类似的关联关系，以便处理一些特殊的情况。从这些方面可以看出，拓扑关系能从质的方面反映地理实体空间结构的关系。从这个理论出发采用多边形环路法（又称面域边界法或独立实体法）的数据结构是不行的，因为它无法顾及到相邻的多边形，几乎不能反映宗地之间的拓扑关系。另外，对于公共的界址线数据获取与存取均需重复两次，不仅不利于计算机的处理，而且容易产生相邻宗地的界址裂隙或重叠，更重要的是不利于后继的地籍变更，为此必须将原来的数据结构转换成与之相对应的弧结构。

对图形的描述，矢量数据具有图形精度高、地物的拓扑关系能够完整表达、容易定义和操作单个目标、数据存贮量小等优点，而栅格数据具有容易与栅格 DEM 和遥感数据结合的最大优点，此外，它还具有数据结构简单、容易处理位置的相关关系，以及容易进行各种空间分析等优点。但两者都存在缺点：矢量结构主要表现在处理位置关系（相交、通过、包含等）相当费时，缺乏与 DEM 和 RS 直接结合的能力；而栅格数据则主要表现为栅格数据分辨率低、精度差，难以建立地物间的拓扑关系，难以操作单个目标，栅格数据存贮量大。可见矢量和栅格数据各有其优缺点，所以最近许多新推出的 GSI 系统支持两种结构如 TIGERS、MGE 等，吸收了矢量和栅格结构各自的优点，补偿其缺点。两者结合所采取的方法主要有三种：矢量与栅格矩阵结合，矢量与行程编码结合，以及矢量与四叉树结合。特别是四叉树数据结构最近几年引起了许多学者的重视，提出了几种矢量与四叉树结合的方案，其主要目的是解决矢量数据与四叉树，或者说与栅格数据直接交互的问题，从而使得 GIS 不仅能与格网和遥感数据具有整体结合的能力，而且能解决各类地物空间位置的相关分析问题。

（三）图形生成与图形编辑的研究

数据结构是数据处理与空间分析的基础，只有利用好的数据结构才能产生高效的数据处理方法，因此在建立信息系统之前应对数据结构作周密的考虑。当然，有了好的数据结构还应配有相当的算法才能保证软件的质量。为此，以下对图形的生成与编辑方面的要求作进一步介绍。

从地籍管理信息系统的特点出发，地籍图形管理子系统应具备以下的一些功能。

（1）应能以街坊为单位，独立地完成对宗地图形、公共地物、城镇骨架等地物图形数据以及界址关系数据进行编辑修改。

（2）为提高编辑系统对图形数据的编辑效率，对图形数据应按照特定的方式建立索引，以提高系统的查询、检索速度。

（3）能快速地实现图形的无级放大、缩小和平移等操作，以便于对图形的编辑。

（4）编辑系统中，应有大量的测算方法，能够满足地籍图在编辑及检核中的需要。

（5）所有的编辑操作，均在内存中进行，当用户对编辑确认无误后，可选择存盘，将编辑的内容在硬盘上作永久性的保存，图形编辑应具备 Undo 功能，给用户提供修改误操作的机会。

(6) 所有地物的显示，均按地形图图式符号的方式显示

在现代 GIS (SIS) 中，数据处理和图形编辑功能都较强，如结点的自动匹配、多边形拓扑关系的自动建立，点线面几何目标的增、删、改可以由系统完成。在地籍管理信息系统中，这方面的工作同样是十分重要的，如何进一步提高图形编辑的效率，增强图形的检错能力等，都是值得深入研究的重要问题。

(四) 地物、宗地捕捉的优化设计

地物、宗地的捕捉对于地籍信息的管理是十分重要的，提高捕捉速度不仅增加了图形编辑的速度，而且对提高信息查询速度、提高管理效率都起到十分关键的作用。因此为了提高捕捉速度，系统设计者们在数据结构上做文章，有的设计者提出带提示信息的拓扑结构，在对应的数据结构中存放空间区域坐标的最大、最小值，有的则运用开窗技术等手段用以减少捕捉所耗的计算时间，从而提高捕捉速度。

(五) 文件的组织和数据库的建立

文件是定型（逻辑）记录的全部具体值的集合。文件用文件名称标识。文件根据记录的组织方式和存取方式可以分：顺序文件、索引文件、直接文件和倒排文件等。数据库是比文件更大的数据组织。数据库是具有特定联系的数据集体，也可以看成是具有特定联系的多种类型的记录的集合。数据库的内部构造是文件的集合，这些文件之间存在某种联系，不能孤立存在。文件组织是数据组织的一部分，数据组织既指数据在内存中的组织，又指数据在外存中的组织，而文件组织则主要指记录在外存设备上的组织，它由操作系统 OS 进行管理，具体解决在外存设备上如何安排数据和组织数据，以及实施对数据的访问方式等问题。操作系统实现的文件组织方式，可以分为顺序文件、索引文件、直接文件和倒排文件。

1. 顺序文件

顺序文件是最简单的文件组织形式。最早的顺序文件是按记录的先后顺序排列，这种文件对记录的添加容易，但对数据的插入就比较困难，而且对数据的检索速度效率比较低。

现在的顺序文件在原有的文件基础上作了扩充，顺序文件的记录，逻辑上是按主关键字排序的，而在物理存上可以有向量方式、链方式和块链方式三种形式。

2. 索引文件

索引文件的特点是，除了存储记录本身（主文件）以外，还建立了若干索引表，这种带有索引表的文件被称之为索引文件。索引表中列出了记录的关键字及对应的记录在文件中的位置（地址）。读取记录时，只要提供记录的关键字值，系统通过查找索引表获得记录的位置，然后取出该记录。索引表一般都是经过排序的。索引文件只能建在随机存取介质如磁盘上。索引文件可以是有顺序的，也可以非顺序的，可以是单级索引，也可以是多级索引。多级索引可能提高查找速度，但占用的存储空间较大。

3. 直接文件

直接文件也称随机文件。直接文件中的存储是根据记录关键字的值，通过某种转换方法得到一个物理存储位置，然后把记录存储在该位置上。查找时，通过同样的转换方法，

可直接得到所需要的记录。

由于直接文件的构造是依靠某种方法（通常称为哈希算法）进行关键字到存储位置的转换的，因此选择合适的哈希算法的关键是减少记录的"碰撞"。所谓"碰撞"是指不同的关键字经转换所得的存储位置是相同的，从而导致一个以上的记录有相同的存储位置。目前还没有一种算法能完全避免"碰撞"。因此，构造直接文件时，必须解决"碰撞"问题。

4．倒排文件

索引文件是按照记录的主关键字来构造索引的，所以也叫做主索引。如果按照一些辅关键字来组织索引，则称为辅索引，带有这种铺索引的文件称为倒排文件。所以，倒排文件是一种多关键字的索引文件。倒排文件中的索引不能惟一标识记录，往往同一索引指向若干记录。因而，索引往往带有一个指针表指向所有该索引标识的记录。通过辅索引不能直接读取记录，而要通过主关键字才查到记录的位置。倒排文件的主要优点是处理多级索引检索时，可以在辅索引中先完成查询的'交'、'并'等逻辑运算，得到结果后再对记录进行存取，从而提高查找速度。

（六）属性数据库与空间数据库的连接方式

在地籍数据库中，图形数据与属性数据一般采用分离组织存贮的方法存贮，以增强整个系统数据处理的灵活性，尽可能减少不必要的机时与空间上的开销。然而地籍数据处理又要求对区域数据进行综合性处理，其中包括图形数据与地籍属性数据的综合处理。因此，图形数据与属性数据的连接是重要的。图形数据与地籍属性数据的连接方法基本上有4种方式：

1．地籍属性数据作为图形数据的悬挂体

属性的数据是作为图形数据记录的一部分进行存贮的。这种方案只有当属性数据量不大的个别情况下才是有用的。大量的属性数据加载于图形记录上会导致系统响应时间的普遍延长。当然，主要的缺点在于属性数据的存取必须经由图形记录才能进行。

2．用单向指针指向属性数据

与上一方案相反，这种方法的优点在于属性数据多少不受限制，且对图形数据没有什么影响。缺点在于，仅有从图形到属性的单向指针，因此互相参照是非常麻烦的，并且容易出错。

3．属性数据与图形数据具有相同的结构

这种方案具有双向指针参照，且由一个系统来控制，使灵活性和应用范围均大为提高。这一方案能满足许多部门在建立信息系统时的要求。

4．图形数据与属性数据自成体系

这种方案为图形数据和属性数据彼此独立实现系统优化提供了充分的可能性，能更进一步地适合于不同部门的数据处理。不过这里假设对属性数据有专用的数据库系统，并且它能建立属性到图形的反向查询。

四、地籍管理信息系统的发展方向

地籍管理信息系统的发展方向可以概括为如下几点：

1．在图形描述、数据处理等方面的功能将日趋完善、成熟，同时随着数据结构与数据模型的深入研究，位置信息、拓扑信息和属性数据，矢量数据和栅格数据将得到统一。

2. 空间数据输入的瓶颈问题在今后一段时间内仍然存在，LIS 与野外数字测量、扫描图像文字处理以及与 RS 等其他方面的结合将有待进一步加强。

3. 数学模拟、多媒体表达方式和辅助决策系统的空间分析和智能查询功能日趋加强。数据库、方法库、模型库和多媒体的输出将使 LIS 功能更强大，从而可以快速地、实时地进行土地的评估，为加强土地的综合利用提供决策性分析。

总之，LIS 的发展前景是十分乐观的，但面临的工作也是十分艰巨的，要科学地管理好地籍工作每一个环节，不仅需要广大致力于这方面研究的科学工作者们的共同的努力，而且还需要土地部门的大力支持。否则 LIS 工作将落后于时代一大步。

通过本章的介绍，对计算机处理地籍数据有了一个初步的认识，但利用微机来实现这些算法，完成对地籍数据的处理，并不是一件很容易的事，因为微机对图形处理的能力比较弱，这就需要利用算法语言编写程序来实现诸如绘点、线等最低层次的图形制作，同时还要实现监视器、鼠标、键盘、打印机以及绘图仪等设备与计算机协同工作，完成对图形的绘制、捕捉、平移、删除和修改等操作，因此这些工作需要从事地籍管理工作的专业人员与从事软件设计的专业人员共同努力，才能编写出这样的软件。介绍这些内容的主要目的在于对这件工作的了解，以谋求对地籍管理工作有一个更高层次的认识。

思 考 题

1. 解释下列名词的含义：地籍数据库、土地信息系统、数据结构。
2. 计算机数据管理有哪几种方式？简述数据库系统的组成及其特性。
3. 地籍数据库在计算机内部是怎样组织的？
4. 地籍数据库采集的基本方法？
5. 计算机怎样绘制点状符号？为什么要进行曲线光滑和图形剪取？

参 考 文 献

1 孙祖述主编．地籍测量．北京：测绘出版社，1990
2 陈炳荣主编．地籍测量．天津：天津人民出版社，1996
3 黄杏元主编．机助制图．北京：测绘出版社，1983
4 庄宝杰主编．地籍测量．北京：地质出版社，1991
5 章书寿主编．地籍测量学．南京：河海大学出版社，1996

参 考 文 献

1. 朱江洪主编. 地貌调查. 北京: 测绘出版社, 1990
2. 陈晓玲主编. 地貌调查. 天津: 天津人民出版社, 1992
3. 曹伯元主编. 初期制图. 北京: 测绘出版社, 1983
4. 王家耀主编. 地貌概论. 北京: 测绘出版社, 1991
5. 常庆瑞主编. 地貌图编制. 西安: 西北大学出版社, 1996